W0084733

Ihr guter Ruf verkauft!

Sonst nichts.

Oder glauben Sie wirklich noch,
dass der Preis allein entscheidet?

Jürgen Linsenmaier und Gunther T. Verleger

Bibliografische Information der Deutschen Bibliothek:

Die Deutsche Bibliothek verzeichnet diese Publikation in der Deutschen Nationalbibliografie. Detaillierte bibliografische Daten sind im Internet über http://dnb.ddb.de abrufbar.

Copyrights © 2013:	Jürgen Linsenmaier und
	Gunther Verleger GbR
Umschlaggestaltung:	LINSENMAIER UND KUNZ
Druck und Bindung:	Createspace a Amazon Company
ISBN:	978-3-00-040892-2
Besuchen Sie uns im Internet:	www.ihr-guter-ruf-verkauft.de

Vorwort | Hermann Scherer

Keine Epoche der bisherigen Weltgeschichte war transparenter, innovativer und informativer, als diejenige, die wir gerade erleben. In keiner Zeit war das Wachstum von Unternehmen so schnell und dynamisch wie heute. Heute sind Unternehmen auf dem Markt, deren Namen es gestern noch gar nicht gab und weltbekannte Marken, denen wir eine lebenslange Zukunft voraussagten sind heute nur noch Marginalien der Wirtschaft oder gar nicht mehr vorhanden.

Und dabei sind es nicht nur die großen Beispiele wie Nokia, die sich vom Gummistiefelfabrikaten zur Handyweltmacht empor geschwungen haben und im schlimmsten Fall bald wieder Gummistiefel verkaufen müssen. Oder Apple, die von der Pleite zur Weltmacht stürmen und seitdem Microsoft zumindest im Mobiledevice-Markt ums Überleben kämpft. Es sind aber auch die kleinen Unternehmen, die plötzlich von der Bildfläche verschwinden während andere den Himmel am Horizont erobern.

Die Autoren dieses Buches – Jürgen Linsenmaier und Gunther T. Verleger – haben sich auf die Suche nach dem zentralen Muster, einer möglichen Strategie gemacht, das Unternehmen wachsen lässt, das Gen, die Zelle, der Hebel, der ausschlaggebend für Erfolg und Misserfolg, über Marktmacht oder Tod entscheidet.

Es ist, das Image, das Renommee, die Wahrnehmung, die Assoziation zur Marke, das Branding, die Reputation, viele Worte für das eine – für den guten Ruf, für Ihren guten Ruf, der darüber entscheidet ob Sie Gewinn erwirtschaften, ob Ihr Unternehmen außerordentlich erfolgreich agiert.

Und im Zeitalter von Internet ist der gute Ruf, die Online-Reputation noch schneller aufgebaut oder mit einem Shitstorm zerstört. Drum brauchen wir in unserer dualen Welt eine übergreifende Reputation: online und offline.

Doch es geht den Autoren mehr als nur um das Muster, darum wie Sie in Ihrem Alltag einen guten Ruf aufbauen. Bei Kunden, im Markt, im Unternehmen oder im persönlichen Umfeld. Und was zu tun ist, wenn er nicht so gut ist, wie Sie ihn gerne hätten. *„Der gute Ruf verkauft! Sonst nichts."*

Der gute Ruf ist der Weg zu Marktmacht, zu Expansion, zu Ihrer einzigartigen Stellung im Markt, zur Marktführerschaft, die Sie durch dieses Buch erreichen können.

Hermann Scherer | Speaker + Businessexpert

www.hermannscherer.de

1. Warum dieses Buch?

2001 – Breckenridge, Colorado. Ich hatte mir einen Traum erfüllt. Skifahren in den Rocky Mountains. Es war einfach alles perfekt: Die tollsten Pisten, die ich nach 20 Jahren Ski-Erfahrung und dutzenden Skigebieten je erlebt habe, der pulvrigste Schnee – weich, locker und doch griffig, so viele Pisten, dass man die Tausenden von Skifahrern kaum bemerkte, sondern der festen Ansicht war: *„die Piste gehört mir allein"*, Schwierigkeitsgrade, von deren Existenz ich nicht einmal wusste (von grün bis *„double black diamond"*). Grandioses Wetter, angenehme Begleitung, ... – was also wollte ich mehr?

Ganz einfach: Ich wollte mir von diesem einzigartigen Erlebnis etwas mit nach Hause nehmen. Aber was? Den Schnee – ging nicht. Die Luft aus Colorado – mmh, schwierig. Einen Liftbügel – möglich, aber nicht wirklich sinnvoll. Also fasste ich einen Entschluss: Ich wollte eine Fleece-Jacke, wie sie die Lift-Boys tragen! Ein Produkt der Marke „THE NORTH FACE®" von leuchtendem Azurblau, funktional geschnitten – das ideale Erinnerungsstück für mich.

Das einzige Problem? Wie besorgt man sich als Tourist eine solche Jacke? Ich klapperte sämtliche Läden in Breckenridge ab, fragte jeden Lift-Boy – Fehlanzeige. Kurz bevor ich aufgeben wollte, erhielt ich von meinem letzten Gesprächspartner den Tipp, den Ressortleiter Silvio anzusprechen. Er habe sein Büro nur zwei Straßen weiter. Richtig, ich kleiner Wochenend-Tourist ging also zum Ressortleiter eines der besten Skigebiete in Colorado, USA, klopfte an seine Türe und sagte *„Hi Silvio, I'm Gunther and I am yearning for one of these liftboy fleece jackets!"*

Schnitt: Stellen Sie sich vor, Sie sind Silvio. Stellen Sie sich vor, es klopft tatsächlich ein begeisterter Kunde an Ihrer Tür – wie würden Sie reagieren?

Bevor Sie den weiteren Verlauf dieser wahren Geschichte erfahren, stellen wir Ihnen die Interviewpartner dieses Buches vor. Sie erzählen aus ihrem Unternehmerleben und haben uns in vielen Stunden persönlicher, telefonischer und schriftlicher Interviews ihre Haltung zum Thema Reputation mitgeteilt. Alle sind sie Experten auf ihrem Gebiet und genießen in ihrer Branche hohes Ansehen.

Andreas Bartmann – Geschäftsführer, Globetrotter

Seit 1979 überzeugt Globetrotter Ausrüstung mit qualitativem Outdoor-Equipment und hat es über die Jahre geschafft, zu einem der größten europäischen Outdoor-Händler heranzuwachsen. Der Firmenname ist heute ein Synonym für Qualitätsausrüstung im Bereich Reisebedarf (ob im Versand oder in den Filialen).

Geschäftsführer Andreas Bartmann ist seit über 30 Jahren bei Globetrotter und hat Anfang der 90er-Jahre bei Globetrotter auch den Beginn des Onlinehandels begleitet. Zu den Auszeichnungen im letzten Jahrzehnt gehören der Deutsche Handelspreis in der Kategorie Management-Leistung im Jahr 2002, Entrepreneur des Jahres 2006 (ausgezeichnet durch Ernst & Young) sowie der Axia Award 2009 im Bereich Kundenbeziehungsmanagement.

Holger Blaufuß – Senior Franchise-Specialist, McDonald's Deutschland Inc.

McDonald's ist weltweit bekannt als Marktführer in der Systemgastronomie. Seit Jahren gehört McDonald's zu den Vorzeige-Franchise-Unternehmen und räumt als Franchise-Geber sämtliche Preise ab. McDonald's erhält jedes Jahr weit mehr Bewerbungen als letztendlich Franchise-Nehmer aufgenommen werden können. Holger Blaufuß ist Senior Franchise Specialist bei McDonald's Deutschland Inc. und ehrenamtliches Vorstandsmitglied im Deutschen Franchise Verband e. V.

Wolfgang Grupp – Inhaber, Trigema

Wolfgang Grupp ist der alleinige Inhaber der Textilfirma Trigema. Er ist ein Verfechter des Produktionsstandortes Deutschland und steht auch genau aus diesem Grunde auf Platz eins in seiner Branche als deutsches Unternehmen. Als Besonderheit garantiert Grupp nicht nur seinen Mitarbeitern deren Arbeitsplatz, sondern auch den Kindern seiner Mitarbeiter nach der Schule einen Arbeitsplatz, wenn sie es wünschen.

Im Jahr 2005 erhielt Grupp den Cicero-Rednerpreis in der Kategorie Wirtschaft für sein rhetorisches Engagement für Deutschland.

Prof. Dr. Claus Hipp – Gründer, HiPP Kindernahrung

Der promovierte Jurist Claus Hipp trat 1964 in den Betrieb seines Vaters Georg Hipp in Pfaffenhofen an der Ilm ein und übernahm 1967 die Betriebsleitung. Unter seiner Leitung entwickelte sich das Unternehmen zu einem der führenden Hersteller für Babynahrung. Hipp hat Nachhaltigkeit in die Firmenphilosophie integriert und bezeichnet dies als ausgewogene Balance zwischen den drei Dimensionen Ökologie, Ökonomie und Soziales.

Sein bekannter Slogan ist „... *dafür stehe ich mit meinem Namen...* ".

Hartmut Jenner – Vorsitzender der Geschäftsführung, Kärcher

Im Jahr 2012 ist es dem Familienunternehmen Kärcher – Weltmarktführer für Reinigungstechnik – erneut gelungen, überdurchschnittlich zu wachsen, zahlreiche Arbeitsplätze zu schaffen und seine Marktanteile weltweit zu erhöhen: Mit 1,9 Milliarden Euro wurde der höchste Umsatz und mit 10,8 Millionen verkauften Geräten die höchste Stückzahl der Unternehmensgeschichte erzielt.

Kärcher ist Partner von SOS-Kinderdorf e. V. und Mitglied des UN Global Compact Netzwerks. Auch zum Erhalt wertvoller Baudenkmäler trägt Kärcher mit seiner Technik und seinem Fachwissen bei und hat in den letzten 30 Jahren weltweit über 90 Reinigungsmaßnahmen an historischen Monumenten durchgeführt. So wurden schon die Kolonnaden des Petersplatzes in Rom, die über 3.300 Jahre alten Memnonkolosse im oberägyptischen Luxor und die Präsidentenköpfe am Mount Rushmore gereinigt

Gerd Kulhavy – Vorsitzender der Geschäftsführung, Speakers Excellence Deutschland Holding GmbH

Die Referentenagentur Speakers Excellence wurde im Jahr 2002 von Gerd Kulhavy und seiner Frau Jana in Stuttgart gegründet. Getreu dem Unternehmensmotto „*Menschen begeistern – Unternehmen aktivieren* " fand im Oktober 2002 das erste Stuttgarter Wissensforum mit 250 Teilnehmern statt. Mittlerweile ist das jährlich stattfindende Wissensforum mit den exklusiven Vorträgen der hochkarätigen Top 100-Referenten zum größten deutschlandweiten, emotionalen Bildungsevent geworden und begeistert sowohl Kunden als auch Partner. Mit seinem 25 köpfigen Team unterstützt Gerd Kulhavy namhafte Unternehmen bei der Auswahl des passenden Referenten für firmeninterne Seminare und Events.

In seinem Buch „*Die Geheimnisse der Spitzentrainer*" gibt der Marketing-experte einige der Erfolgspraktiken speziell für den Trainermarkt preis.

Dr. Ivan Misner – Gründer und Vorstandvorsitzender, BNI (Business Network International)

Dr. Ivan Misner wird als der Vater des modernen Netzwerkens bezeichnet. Im Jahr 1985 gründete er aus einer Not heraus mit seinen engsten Partnern ein Netzwerk mit der einzigen Absicht, sich gegenseitig weiterzuempfehlen. Heute ist BNI in über 50 Ländern auf dem Globus vertreten, hat über 148.000 Mitglieder, die durch die 6,9 Millionen Empfehlungen im Jahr 2011 über 2,4 Milliarden Euro an zusätzlichem Geschäft generieren konnten. BNI wurde im Jahr 2008 vom Wall Street Journal als eines der „*25 best performing franchises*", also eines der 25 erfolgreichsten Franchise-Systeme, ausgewählt.

Dr. Ivan Misner hat bislang 17 Bücher geschrieben, von denen einige auf den Bestsellerlisten von Amazon und der New York Times standen und die teilweise in 30 Sprachen übersetzt wurden.

Daniel Stock – Mitglied der Geschäftsleitung, STOCK***** resort

Das STOCK***** resort im Zillertal ist bekannt als „*DIE Wellness-Perle im Zillertal*". Die Erfolgsgeschichte des Hauses Stock begann 1976. Nach mehreren Erweiterungen und Umbauten hat das Hotel seit dem Jahr 2012 nun 210 Betten und stieg von der Kategorie *Vier-Sterne-Superior*- in die *Fünf-Sterne*-Kategorie auf, in der es das einzige seiner Art im Zillertal ist.

Das Hotel wurde mehrfach in der höchsten Stufe ausgezeichnet, beispielsweise von Holiday Check, Deutsches Wellness Zertifikat und Relax Guide.

Unser besonderer Dank gilt unseren Interviewpartnern. Diese Unternehmer geben unserem Buch den Bezug zum realen Leben, Tiefe und Charakter. Dadurch wird es jedem Unternehmer, der ernsthaft an seinem guten Ruf interessiert ist, einen Mehrwert liefern.

Ebenso danken wir Christina Schillinger für das gründliche Lektorat und ihre vielen nützlichen Hinweise, die den Stil und die Verständlichkeit unseres Buches wesentlich verbessert haben. Danke auch an die unten aufgelisteten Führungskräfte und Unternehmer, die uns *vor* der Veröffentlichung mit konstruktiven Anregungen versorgt haben – für alle ist ihr eigener guter Ruf in ihrem Leben wichtig:

Christian Bock (BMW Group), Götz Müller (GeeMco), Hermann Scherer (Speaker + Business Expert), Marcus Ulm, Prof. Dr. Thomas Sambuc (Rechtsanwalt), Torsten Strotmann (Strotmanns Magic Lounge) und Sascha Tilli (LGI).

Das Projekt hat natürlich auch die Ressourcen und die Geduld unserer Frauen (Carolin Kunz und Rabea Verleger) in Anspruch genommen. Danke für eure Unterstützung und das vehemente Anfeuern.

Dieses Buch ist *kein* theoretischer Stoff, *kein* Blabla eines „*Durchlauferhitzers*", der nie erlebt hat, was es bedeutet, sich einen guten Ruf aufzubauen, ihn zu halten und mit Rückschlägen umzugehen. In diesem Buch schildern wir Beispiele, die funktionieren und Erfahrungen, die Sie nutzen können, weil sie entweder zum Turbo für Ihr Unternehmen werden oder zur Implosion führen. Genau das möchten wir Ihnen als Leser, als Unternehmer, als Selbstständige, als Führungskräfte, als Mitarbeiter mitgeben. Sind Sie gespannt? Dann wünschen wir – Jürgen Linsenmaier und Gunther T. Verleger – Ihnen, dass Sie Anregungen zum Querdenken erhalten und Ansätze finden, die Ihren eigenen Ruf auf das nächste Level bringen. Und natürlich viel Spaß beim Lesen.

Wollen Sie regelmäßig weitere Praxistipps erhalten? Dann besuchen Sie unsere Fan-Seite oder registrieren Sie sich auf http://www.ihr-guter-ruf-verkauft.de für unseren kostenlosen Newsletter.

Inhaltsverzeichnis

2. Vergessen Sie Ihre Kunden.
Ihr guter Ruf steht im Mittelpunkt!

Wenn Sie diese Überschrift lesen, denken Sie vielleicht: *„Spinnen die Buchautoren jetzt komplett? Ich soll meine Kunden vergessen? Von denen lebe ich doch, die sind doch das Wichtigste für jeden Unternehmer. Jahrelang wurde gepredigt: Der Kunde steht im Mittelpunkt, der Kunde ist König, ... Und nun das?"*

Wie kommen wir zu dieser Aussage? Natürlich ist Ihr Kunde wichtig und ohne Kunden funktioniert kein Geschäft. Doch viel wichtiger ist der Ruf Ihres Unternehmens, Ihre Reputation.

Über 25 Prozent des Umsatzes werden durch den Ruf eines Unternehmens beeinflusst und gleichzeitig macht der gute Ruf eines Unternehmens bis zu 60 Prozent seines Marktwertes aus (Quelle: Serviceplan Corporate Reputation und Biesalski & Company und Weber Shandwick). Genau diese Meinung vertrete ich schon seit Jahren, sie ist auch die Grundlage meiner Vorgehensweise und damit das aktuelle Thema dieses Buches und meines Vortrages *„Ihr guter Ruf verkauft! Sonst nichts."*

Entscheidend ist, wie Ihr Kunde Sie, Ihr Unternehmen, Ihre Produkte und Ihre Dienstleistung wahrnimmt. Die Gesamtheit dieser Wahrnehmung spiegelt sich letztendlich in Ihrem Ruf wider (Achtung: Ihr Kunde nimmt auch nur das wahr, was er als wahr empfindet). Und dazu gehört jegliche Art von Austausch zwischen Ihnen und Ihrem Kunden: Ihre Werbemaßnahmen, die Gespräche und Korrespondenzen Ihrer Mitarbeiter, das Verhalten Ihrer Führungskräfte, der Einsatz der Neuen Medien und Veranstaltungen. Wenn Ihr Ruf exzellent ist, werden sich Ihre Verkaufszahlen raketenartig nach oben entwickeln. Und jetzt einmal Hand aufs Herz – wenn Sie Ihren Kunden permanent in den Mittelpunkt stellen und ihn betütern und verhätscheln, wird er Ihnen so oder so früher oder später davon laufen. Erinnern Sie sich noch, als Sie verliebt waren und Ihren Partner umwarben? Sie taten alles für das Objekt Ihrer Begierde, lasen ihm jeden Wunsch von den Augen ab, richteten Ihr Leben komplett nach ihm aus. Und was passierte? Er begann, sich nach einem neuen Partner umzuschauen. Und so geht es auch mit Ihren Kunden. Verstellen Sie nicht für Ihre scheinbar große Liebe. Seien Sie immer authentisch. Ihr Kunde sollte Sie so lieben, wie Sie sind. Und er soll das lieben, was Sie als Unternehmer ihm anbieten.

Oft komme ich zu Unternehmen, die den Kunden in den Mittelpunkt ihrer Arbeit stellen und dies durch die allseits bekannten Schilder an der Wand dokumentieren: *„Der Kunde steht bei uns im Mittelpunkt unserer Arbeit"* oder *„Wir sind für unsere Kunden da"* oder *„Der Kunde ist König".* Auf mich wirkt diese Philosophie oftmals einfach *„abgeschrieben".* Schlimmer noch, sie wird von den Unternehmen als der Erfolgsfaktor schlechthin angesehen, als der Satz, der alle Probleme löst. Woher kommt diese These eigentlich? Ist diese Formel wirklich der entscheidende Faktor dafür, dass Unternehmen erfolgreich arbeiten?

Es gibt nur eine Möglichkeit das Prinzip *„der Kunde ist König"* erfolgreich umzusetzen. Es geht nur, wenn Sie es authentisch vorleben und nicht, weil es Mainstream ist oder ein Berater es Ihnen verkauft hat. Denken Sie genau darüber nach, ob es wirklich auch zu Ihrer Person als Unternehmer passt.

Im Laufe vieler Jahre bin ich zu der Überzeugung gekommen, dass die meisten Unternehmer diese Aussagen ungeprüft an ihre Mitarbeiter weitergeben, ohne zu wissen, ob sie tatsächlich Wirkung zeigen oder zum Unternehmen passen. Verstehen Sie mich nicht falsch. Das hat nichts mit bestem Service und bester Qualität zu tun. Hier steht der Kunde im Mittelpunkt – oder sagen wir – er sollte es. Allerdings ist das inzwischen eine Voraussetzung, um ein Unternehmen erfolgreich zu führen. Was also bleibt dann an Chancen, Ideen und Möglichkeiten übrig, wenn *„der Kunde im Mittelpunkt"* steht? Das Problem ist: NICHTS!

Der Fehler ist, dass der Satz *„Der Kunde steht im Mittpunkt unserer Arbeit"* schlicht viele Chancen im Unternehmen blockiert. Denn oft wird die ganze, vorhandene Energie auf diesen Satz konzentriert. Energie, die Geld, Zeit, Motivation und die Erkenntnis für das wirklich Wesentliche, Ihre Reputation, kostet.

Der Kunde steht nicht im Mittelpunkt. Das Unternehmen mit seinen Ideen und Gedanken steht im Mittelpunkt. Das Unternehmen, oder besser der Unternehmer, entscheidet welches Produkt oder welche Dienstleistung angeboten werden. Das Unternehmen entscheidet auch darüber, wie und zu welchem Preis dieses Angebot dem Kunden unterbreitet wird. Der Kunde entscheidet im Grunde genommen nur, ob er kauft oder nicht kauft. So einfach ist das. *„Der Kunde steht im Mittelpunkt"* führt nur zu gleichgeschalteten Unternehmen mit gleichem Service, gleicher Qualität und gleichen Preisen.

Der berühmte Investor Warren Buffett sagte bereits vor 20 Jahren: *„Verliere auch nur einen Fetzen Reputation und ich werde unbarmherzig sein."* Oder gehen wir noch weiter in der Geschichte zurück. Im Alten Testament der Bibel, Sprüche 22, 1 stand bereits: *„Ein guter Ruf ist wertvoller als großer Reichtum; und beliebt sein ist besser, als Silber und Gold zu besitzen."*

Zwischendrin: Das Buch

In welcher Branche sind Sie tätig? Welches Unternehmen leiten Sie aktiv? Sind Sie vielleicht Inhaber oder Geschäftsführer einer Bäckerei oder einer Druckerei? Dann kennen Sie das Problem. Sie haben mit Sicherheit eine große Anzahl an Mitbewerbern.

Alle bieten das gleiche Portfolio an. Unsere Marktplätze haben überall das Problem der Mehrfachbesetzung durch Mitbewerber. Aber es gibt wohl doch Unterschiede. Haben Sie sich schon einmal gefragt warum das eine *„In"*-Café immer voll ist und das daneben eher weniger besetzt?

„Ihr guter Ruf verkauft! Sonst nichts." So einfach ist das. Ihre Reputation aktiviert Mundpropaganda. Ihre Reputation aktiviert Menschen, Sie weiterzuempfehlen und ist damit folglich die eigentliche Grundlage für Empfehlungsmarketing. Nur, wenn Ihr Ruf außerordentlich gut ist, werden Sie empfohlen. Klar, es gibt auch Gründe wie Geld oder dass man einem Bekannten etwas Gutes tun möchte. Tatsache bleibt allerdings, nur Firmen mit einem guten Ruf werden empfohlen.

Wie also können Sie sich einen guten Ruf erarbeiten? Genau darum geht es in diesem Buch und im Vortrag zum Buch. Das Buch ist, zugegebenermaßen provokativ, in drei Kernaussagen aufgeteilt. Es soll Sie dazu veranlassen, in Ihrer Strategieplanung, Ihrer Jahresplanung und Ihrem Tagesgeschäft quer- und umzudenken.

Wie gesagt, die Kernaussagen *„Vergessen Sie Ihre Kunden"*, *„Vergessen Sie Ihr Angebot"* und *„Vergessen Sie Ihre Werbung"* sollen provozieren. Sie basieren aber durchaus auf über dreißig Jahren Berufs- und Lebenserfahrung. Im Ernst, ich möchte Sie warnen: Diese Aussagen betrachten die Dinge bewusst nur schwarz oder weiß.

Neben den Kernaussagen bilden zehn Kommunikationstools die Grundlage, Ihren Ruf ständig zu verbessern und in der Folge bekannter zu machen. Faktoren wie Qualität, Service, Werbung, aber auch Faktoren wie Trojaner, Pressearbeit, Events oder Networking sind Tools, mit denen Sie zukünftig arbeiten können.

Unsere Reputationsauslöser sind individuelle Beispiele, die Sie zum Nachdenken animieren sollen. Ihre individuellen Reputationsauslöser müssen Sie sich letztlich selbst erarbeiten. Das ist ein anstrengender, kreativer und anspruchsvoller Prozess. Sie können das selbst machen oder mit einem professionellen Berater zusammen durchführen.

Die Grundlagen Ihres Rufes

Im Grunde genommen sind es die Menschen, die Ihren Ruf beeinflussen. Ihre Kunden, Ihre Netzwerkkontakte, Interessenten, die Menschen, die Sie empfehlen, Ihre Mitarbeiter und, um es nicht zu vergessen, Sie als Unternehmer selbst, alle diese Menschen beeinflussen Ihren Ruf – positiv wie negativ.

Welches sind die Grundlagen für eine gute Reputation? Es gibt vier wesentliche Punkte, die die Basis für Ihre Reputation bilden. Erarbeiten Sie Handlungsmaßnahmen, wie Sie diese vier Eckpunkte für Ihr Unternehmen umsetzen können.

1. Glaubwürdigkeit
Beispiel: Schreiben Sie Angebote, die keine versteckten Kosten enthalten. Präsentieren Sie sich als der Unternehmer, *„mit dem man per Handschlag Geschäfte machen kann".* Stehen Sie zu Ihrem Wort.

2. Vertrauen
Beispiel: Bauen Sie Vertrauen zu Ihren Gesprächspartnern auf. Schaffen Sie Transparenz und liefern Sie konkrete Ergebnisse ab.

3. Zuverlässigkeit
Beispiel: Bitte seien Sie gegenüber Interessenten und Kunden immer ehrlich und zeigen Sie Respekt. Erzählen Sie also nicht, dass die Ware in zwei Tagen geliefert wird, wenn es dann eine Woche dauert.

24

4. Verantwortung

Machen Sie zum Beispiel bei Reklamationen Ihre Fehler wieder gut. Eine gute Reklamationsbearbeitung kann Ihren guten Ruf enorm steigern.

Es sind also die Menschen, mit denen Sie in Kontakt treten, mit denen Sie kommunizieren müssen. Sie glauben gar nicht wie viele Unternehmer sich hinter ihrem Schreibtisch verstecken und nicht nach „ draußen" gehen. Ja, es ist einfacher einen Werbeetat mit einer Anzeigenkampagne zu verbraten. Das kostet keine Zeit, nur Geld und man muss seinen Schreibtisch nicht verlassen.

Beantworten Sie deshalb jetzt eine Frage. Kommunizieren Sie eigentlich Ihre Position im Markt so, dass sie Ihre Reputation erhöht? Üblicherweise werden Anzeigen geschaltet oder Unmengen an Mailings verschickt. Definieren Sie selbst Tools und erarbeiten Sie eigene Reputationsauslöser, mit denen Sie direkt mit Menschen kommunizieren – und zwar in beide Richtungen. Netzwerken Sie selbst als Unternehmer. Schulen Sie Ihre Mitarbeiter und erklären Sie die Notwendigkeit dieser Aktivität. Halten Sie auf Veranstaltungen kurze Vorträge zu Ihrem Thema. Wenn jemand ein Problem hat, helfen Sie. Lassen Sie im Web 2.0 Ihre Kunden sprechen, lassen Sie sich als Unternehmen bewerten. Eröffnen Sie einen Blog, in dem Ihre Mitarbeiter zu Wort kommen. Lassen Sie Ihre Mitarbeiter im Verkauf keine Angebote schreiben, die aus reinen Zahlenkolonnen bestehen. Legen Sie Referenzen oder Erfahrungsberichte bei. Sie sehen, es ist nicht so schwer, mit Menschen in Kontakt zu treten. Mit Menschen, die Ihren guten Ruf erhöhen.

Ihr guter Ruf verkauft! So einfach ist das.

Meine Gedanken/Anregungen/Ideen/Erkenntnisse
zum Querdenken für „... der gute Ruf steht im Mittelpunkt...":

Ihr guter Ruf verkauft! Sonst nichts. **27**

Qualität & Service:
Kennen Sie die Erwartungen Ihrer Kunden?

Alleine über diese beiden Themen – Qualität und Service einer Dienstleistung oder eines Produktes – werden Bücher mit Hunderten von Seiten gefüllt. Und die meisten glauben wirklich, dass der Ruf stimmt, wenn Qualität und Service stimmen. Ist das tatsächlich so?

Schlaue Sprüche wie „*Qualität ist, wenn der Kunde zurückkommt und nicht das Produkt*" gelten nur bedingt für den Ruf. Was glauben Sie, wie viele Kunden eben nicht zurückkommen (und das Produkt auch nicht), wenn die Qualität nicht stimmt und damit Ihren Ruf negativ beeinflussen? Es sind höchstwahrscheinlich viel zu viele und, was noch schlimmer ist, Sie können sie nicht kontrollieren. Entscheidend beim Thema Qualität ist die Erwartungshaltung, die ein Kunde an Ihr Produkt oder an Ihre Dienstleistung hat.

Erwartung verfehlt, erfüllt oder übertroffen?

Betrachten wir ein praktisches Beispiel: Wenn Sie einen Montblanc Füller kaufen, erwarten Sie, dass bestimmte Kriterien erfüllt sind. Zu Ihren Erwartungen könnte gehören, dass der Füller ein tolles Design hat, gut in der Hand liegt, sauber verarbeitet ist, nicht schmiert, die Tinte nicht zu schnell austrocknet, sondern gleichmäßig aus der Feder fließt.

Würden Sie erwarten, dass ein Montblanc Füller wie ein Space-Pen „*über Kopf*" Tinte aufs Papier bringt? Erwarten Sie, dass der Füller auf besonderen Oberflächen wie Kunststoff oder Metall schreibt? Und würden Sie die Qualität des Füllers in Frage stellen, wenn das Schriftbild unleserlich ist? Nein, denn ein Montblanc Füller macht einen nicht automatisch zum „*Schönschreiber*".

Kommen wir zurück zur Erwartungshaltung. Bei fast jedem Produkt oder jeder Dienstleistung gehen wir von einer Grunderwartungshaltung aus. Bestimmte Anforderungen müssen erfüllt werden. Von Qualität wird jedoch erst dann gesprochen, wenn diese in Relation zum Preis und weiteren Faktoren gesetzt wird.

Beispiel: Von einem Auto erwarten Sie, dass es Sie trocken und ohne technische Probleme von A nach B bringt. Das ist Ihre Grunderwartung. Nun sind Sie bereit, für bestimmte Eigenschaften (Design, Geschwindigkeit) oder zusätzlichen

Komfort (Federung, Raumangebot, Bequemlichkeit) einen höheren Preis zu bezahlen. Wenn Sie also die Qualität des Fahrzeugs beurteilen, wird Ihre Bewertung ganz entscheidend von Ihren persönlichen Vorstellungen, Erwartungen und Erfahrungen abhängen.

Ich habe beispielsweise viele Jahre bei BMW als Versuchs- und Entwicklungsingenieur gearbeitet und bei der Entwicklung der adaptiven Getriebesteuerung für Automatikgetriebe mitgewirkt, die Anforderungen hierfür dokumentiert sowie die Software auf Fehler geprüft und getestet. Meine Frage an Sie: Wenn ich heute in einen BMW oder einen vergleichbaren Wagen eines anderen Premiumherstellers mit Automatikgetriebe einsteige – habe ich die gleichen Erwartungen wie Sie? Werde ich die Qualität genauso bewerten wie Sie? Die Antwort ist offensichtlich: Nein.

Wie erreichen Sie nun als Produkthersteller oder Dienstleister, dass Ihr Ruf in Bezug auf Qualität positiv beeinflusst wird? Am besten Sie klären die Erwartungshaltung Ihres Kunden oder noch besser die der Mehrheit Ihrer Kunden. Natürlich können Sie es nicht all Ihren Kunden recht machen. Apple hat es zum Beispiel verstanden, die Erwartungshaltung an die Qualität seiner Produkte nicht nur zu erfüllen, sondern zu übertreffen. Ich selbst habe mich jahrelang geweigert, ein iPhone zu kaufen, obwohl ich von Anfang an von Smartphones begeistert war. Ich nutzte ein Gerät der Palm-/Treo-Serie und es war damals einfach genial, in einem Gerät alles dabei zu haben und das Ganze auch noch unkompliziert mit dem PC synchronisieren zu können. Die Entwicklung ging weiter, Windows stieg in die Mobilentwicklung ein, Nokia bot mehr und mehr Funktionalitäten an. Aber – was war für mich als Kunde das Ergebnis? Ich konnte fast alles machen mit diesen tollen Geräten – außer den beiden Dingen, die ich als Grundvoraussetzung für Qualität erwartet habe: telefonieren und synchronisieren! Sie werden jetzt sagen, dass das gar nicht stimmt, denn das geht mit den WindowsMobile- oder Nokia-Geräten genauso. Leider muss ich Ihnen da widersprechen. Es geht nämlich nicht, wenn Sie über 9 000 Kontakte synchronisieren wollen. Mit dem iPhone war dies trotz unterschiedlicher Betriebssysteme (Windows und Apple) möglich: auspacken, einschalten, installieren, synchronisieren – fertig! Das ist Qualität, die begeistert, die weitererzählt wird. Allerdings auch nur von Menschen, die, wie ich, Wert auf genau diese Features legen.

Mehr als diese für Sie abstrakten Beispiele wird Sie sicherlich interessieren, wie Sie diese Erkenntnisse für Ihr Unternehmen und Ihre Branche umsetzen können.

Wolfgang Grupp zum Thema „*Qualität*" und der „*gute Ruf*":

JÜRGEN LINSENMAIER: Herr Grupp, wie können Sie in Ihrem Markt den Ruf beeinflussen, wenn Sie die Qualität der Produkte betrachten? T-Shirts kann doch jeder produzieren.

WOLFGANG GRUPP: Wir sind mit Trigema in einem bedarfsgedeckten Markt tätig. Keiner unserer Kunden braucht wirklich ein neues T-Shirt. Überlegt sich der Kunde, was wirklich wichtig für ihn oder seine Familie ist oder wo er sparen könnte, kommt er sicher zu dem Schluss, dass er genügend Kleidungsstücke in seinem Schrank hat. Darum muss ich in einem Hochlohnland, wie Deutschland eines ist, mein Produkt dem Verbraucher anpassen: Der Verbraucher ist gebildeter, hat höhere Ansprüche, eine andere Erwartungshaltung. Um diesen Ansprüchen gerecht zu werden, müssen wir ständig innovativ handeln. Wie etwa ein Produkt an den Markt bringen, das den Schweiß besser aufsaugt, besser vom Körper weg transportiert, leichteren Tragekomfort bei Hitze hat, schneller trocknet, bügelfrei ist oder bei dem die Einlaufwerte von zehn auf zwei Prozent gesunken sind. Und genau diese Innovation ist es, die die Qualität bewirkt, die ein Massenhersteller nicht liefert!
Schauen Sie, bei den Autos ist das genau das Gleiche. Die meisten kaufen sich kein neues Auto, weil das alte nicht mehr fährt oder kaputt ist. Man kauft sich ein neues Auto, weil es neue Innovationen wie, Funktionen, Komfort oder Sicherheit bietet. So ist es bei uns auch. In unserer bedarfsgedeckten Gesellschaft wird eben nur gewechselt oder etwas Neues gekauft, wenn das Neue anders und besser ist.

JÜRGEN LINSENMAIER: Heißt das, Sie schaffen Ihr Wachstum über die Steigerung der Qualität und nicht über die Steigerung der Stückzahl?

WOLFGANG GRUPP: Richtig – die Wertigkeit bzw. die Qualität des Produktes muss wachsen! Dadurch generieren wir unser Wachstum! Viele sehen Wachstum in der Stückzahl, aber in einer bedarfsgedeckten Wirtschaft kann der Umsatz nur über den Preis bzw. über einen ruinösen Wettbewerb gesteigert werden. Unsere Kunden legen Wert auf Qualität unserer Produkte und auf unsere Lieferfähigkeit bzw. Flexibilität, die wir ihnen bieten. Das können wir problemlos in einem Hochlohnland bieten; damit passen wir uns an die Anforderungen unseres Landes an und können auch weiterhin existieren.

Bei einem Produkt aus der Lebensmittelbranche ist die Qualität noch viel entscheidender, da hier unter Umständen das Leben von Menschen betroffen ist. Prof. Dr. Claus Hipp teilt mit uns seine Vorstellungen zum Thema Qualität:

JÜRGEN LINSENMAIER: Wie wichtig ist Ihnen im generellen Ihr Ruf, da Sie ein doch sehr sensibles Produkt haben, das das Wohlergehen der „Liebsten" Ihrer Kunden stark beeinflusst?

PROF. DR. CLAUS HIPP: Unser Ansehen ist für uns extrem wichtig. Und somit dürfen wir nie etwas tun, das unser Ansehen schädigen oder für unser Ansehen ein Risiko darstellen würde. Wenn wir Entscheidungen treffen, die auf unsere Produkte Auswirkungen haben, stellen wir uns immer die Frage „Wie würde eine Mutter in dieser Situation entscheiden...?" oder noch präziser „Wie würde eine besorgte Mutter in dieser Situation entscheiden...?" Wir können uns eben nicht auf viele und langwierige Erklärungen und Erläuterungsmöglichkeiten stützen, sondern müssen Entscheidungen treffen, die einer besorgten Mutter die Sicherheit geben, dass sie schnell und richtig für ihr Kind entscheiden kann.

GUNTHER T. VERLEGER: Wie gehen Sie damit um, wenn Sie der Überzeugung sind, dass Ihr Produkt die versprochene Qualität liefert, alle Anforderungen erfüllt oder gar übertrifft und trotzdem diese Qualität in der Öffentlichkeit diskutiert wird?

PROF. DR. CLAUS HIPP: Wir hatten den so genannten Östrogenskandal Ende der siebziger Jahre. Die Verbraucher waren aufgrund der Veröffentlichungen in der Presse sehr verunsichert. Es ging hierbei nicht mehr darum, ob die veröffentlichten Befunde tatsächlich vorhanden waren oder nicht, sondern es ging darum, das Verbrauchervertrauen schnellstmöglich wiederherzustellen. Wir haben aus diesem Grunde ca. 10 Millionen Gläser aus dem Markt genommen, obwohl von diesen Gläsern weder ein gesundheitliches Risiko ausging noch ein Verstoß gegen gesetzliche Vorschriften vorlag

Aus diesem Grunde haben wir folgendes gemacht: Wir haben unsere Kunden, unsere Verbraucher informiert. Wir haben unseren Kunden gesagt, dass wir fest von der makellosen Qualität unserer Produkte überzeugt sind, jedoch sehen, dass sie Angst haben. Angst, die in der Öffentlichkeit geschürt wurde. Wir haben diese Produkte deshalb aus dem Markt genommen. Diese bittere Entscheidung hat dazu geführt, dass wir gute Ware wieder auf unserem Hof stehen hatten und zwar in einer Menge, dass Sie auf einer Länge von zwei

Kilometern LKW an LKW aneinander hätten reihen können. Natürlich haben wir unsere Produkte vielfach nachuntersuchen lassen und haben auch die Bestätigung erhalten, dass unsere Produkte alle in Ordnung waren. Doch zum entsprechenden Zeitpunkt haben wir so gehandelt, um erst gar nicht den Verdacht aufkommen zu lassen, dass wir schlechte Qualität liefern würden.

GUNTHER T. VERLEGER: Was haben Sie dann mit den zwei LKW-Kilometern Babynahrung gemacht?

PROF. DR. CLAUS HIPP: Nachdem die mehrfachen Bestätigungen vorlagen, dass alles absolut O.K. war, haben wir Kontakt mit unseren ausländischen Landesgesellschaften aufgenommen und konnten die Ware nach Polen und Ägypten geben, wo zum Teil Hungersnot herrschte. Wir haben Flugzeuge voll mit Waren in diese Länder gesendet und waren froh, dass diese guten Produkte Menschen erreicht haben, die wirklich in Not waren.

Ich glaube es ist einfach sehr wichtig, dass Unternehmer in solchen Situationen handeln und sie nicht aussitzen; auch wenn wir in unserem Beispiel unterm Strich Recht hatten. Es gibt immer einen Unterschied zwischen Recht haben und Recht bekommen. Sie können das beste Produkt haben, die beste Qualität, doch wenn Ihnen dafür niemand Recht gibt, bringt Ihnen das gar nichts. Die Frage ist immer, was wir als Unternehmen tun können, dass der Verbraucher weiterhin Vertrauen und Sicherheit beim Kauf unserer Produkte hat.

Damit ist klar, dass hier die Wahrnehmung des Kunden entscheidender ist als die gesamte Faktenlage. Erfahren Sie nun, was ein weiterer Interview-Experte – Holger Blaufuß – aus Sicht eines Franchise-Gebers zum Thema Qualität eines Franchise-Systems und dem damit verbundenen Ruf sagt:

GUNTHER T. VERLEGER: Wie gut oder schlecht ist der Ruf von McDonald's als Franchise-Geber?

HOLGER BLAUFUSS: McDonald's gilt als das erfolgreichste Franchise-System. In den meisten Präsentationen zum Thema Franchising wird McDonald's als Beispiel angeführt, und wenn man in Gesprächen mit neuen, jungen Systemen ist, wollen diese so werden wie McDonald's.

GUNTHER T. VERLEGER: Wo liegt der Unterschied zu Ihren Mitbewerbern?

HOLGER BLAUFUß: Diese Frage ist nicht leicht zu beantworten, da jedes Franchise-System andere Strukturen aufweist. Aus den Treffen mit Vertretern der Franchise-Branche und als ehrenamtliches Vorstandsmitglied des Deutschen Franchise-Verbandes e.V. ist mir bekannt, dass das größte Problem der Franchise-Systeme, neben der Finanzierung der Partner, die Partner-Akquisition selbst ist. Viele Systeme, die gerne am Markt wachsen und sich entwickeln wollen, finden einfach nicht ausreichend geeignete Franchise-Bewerber. Bei McDonald's ist das anders. Wir erhalten wesentlich mehr Anfragen als wir Bewerber zu Gesprächen einladen können und haben dadurch natürlich die Gelegenheit, bereits im Vorfeld eine intensive Vorauswahl zu treffen.

JÜRGEN LINSENMAIER: Wie wichtig ist Ihnen „der gute Ruf Ihres Unternehmens" und welche Auswirkungen hat ein exzellenter Ruf auf den Verkauf Ihrer Dienstleistung als Franchise-Geber?

HOLGER BLAUFUß: Der Ruf der Marke ist elementar, und es ist eine der Hauptaufgaben des Franchise-Gebers, die Marke zu schützen. Franchise-Nehmer haben auch ein Recht darauf. In der heutigen Medienlandschaft verbreiten sich Mitteilungen über die modernen Medien wie ein Flächenbrand auf dem Globus. Daher ist es notwendig, die Marke zu schützen und auch alles Notwendige dafür zu unternehmen.

JÜRGEN LINSENMAIER: Hat das Thema „der gute Ruf Ihres Unternehmens" einen wichtigen Stellenwert bei Ihren Mitarbeitern und Franchise-Nehmern?

HOLGER BLAUFUß: Der gute Ruf der Marke hat einen sehr hohen Stellenwert, sowohl bei den Franchise-Nehmern als auch bei den McDonald's-Mitarbeitern. Die Franchise-Nehmer erwarten, dass der Franchise-Geber alles unternimmt, um den „Ruf der Marke" rein zu halten. Das Unternehmen McDonald's ist geprägt von vielen Philosophien, die uns der Unternehmensgründer Ray Kroc mit auf den Weg gegeben hat. Eine davon lautet: „None of us is as good as all of us", zu Deutsch „Niemand von uns ist so gut, wie wir alle zusammen". Franchise-Nehmer, deren Mitarbeiter und die Mitarbeiter von McDonald's selbst bilden die „McFamily" und legen alle sehr großen Wert auf einen guten Ruf.

Reputationsauslöser Produktqualität

Sie kennen bestimmt das Zitat von Tony Robbins *„Die Qualität Ihrer Fragen entscheidet über die Qualität Ihres Lebens"* – genauso ist es mit der Qualität Ihrer Produkte und Dienstleistungen. Hier ein paar Fragen, die Sie als Anregung verwenden können und die Einfluss auf Ihren Ruf in puncto Qualität haben können:

- Welche *Grunderwartung* hat mein Kunde an mein Produkt oder meine Dienstleistung?
- Woher weiß ich, dass ich die Erwartung meines Kunden *erfüllt* habe?
- Wie schaffe ich den Schritt von erfüllter Erwartung auf „*... cool – das habe ich gar nicht gewusst (und auch nicht erwartet), finde dies jedoch echt klasse..."* Kurz: Wie übertreffe ich mit meiner Qualität die Erwartung meiner Kunden?
- Was muss ich umsetzen, dass meine Kunden von einem *„Erwartung ist bereits übertroffen"* auf ein *„ich bin hellauf begeistert, erzähle es jedem weiter, schreibe positive Berichte darüber, werde zum aktiven Empfehler/Verkäufer"* kommen?
- Mit welchen kleinen Maßnahmen können Sie nach dem Motto handeln *„under promise and over deliver"* (*„lieber weniger versprechen, aber dafür die Erwartungen übertreffen"*)?
- Welchen praktischen Zusatznutzen können Sie integrieren? Ein Beispiel: Bei vielen deutschen Automarken können Sie mit dem Infrarotschlüssel aus der Ferne die Scheiben öffnen und schließen, wenn Sie länger auf den Verriegelungsknopf drücken. So kann im Sommer schon mal die erste warme Luft entweichen kann.
- Wo können Sie Individualisierungskomponenten einbauen, die Ihr Produkt einfach oder noch besser intuitiv steuerbar machen, damit komplexe Technologien auch für ungeübte Nutzer beherrschbar sind? Ein Tipp dazu: Vermeiden Sie es, die entsprechenden Einstellungen im siebten Untermenü zu verstecken.

Ihren Ruf beeinflusst die Qualität Ihres Produktes oder Ihrer Dienstleistung genau in dem Maße positiv, wie die Erwartungen Ihres Kunden übertroffen wurden und in dem Maße negativ, wie die Grunderwartungen erst gar nicht erfüllt wurden!

Eine Grafik zu den unterschiedlichen Stufen, die den Ruf Ihres Unternehmens beeinflussen, finden Sie hier (Linkdetails siehe Anhang).

**Meine Gedanken/Anregungen/Ideen/Erkenntnisse
zur Verbesserung des Rufes bei der eigenen Produktqualität:**

Reputationsauslöser Dienen

Können Sie nun Ihren Ruf über Ihren Service in die richtige Richtung beeinflussen? Natürlich, hier können Sie vieles, was bisher verpasst wurde, wieder ausbügeln. Was aber ist guter Service? Als Basis gilt wie bei der Qualität: *Welches sind die Erwartungen Ihres Kunden?*

Lassen wir hierzu gleich einen unserer Interview-Experten zu Wort kommen. Wie sieht Daniel Stock das Thema „*Dienen*" und der „*gute Ruf*":

GUNTHER T. VERLEGER: Sie genießen in Ihrer Branche der Wellness-Hotels bereits einen positiven Ruf. Womit heben Sie sich von anderen in dieser Dienstleistungsbranche ab?

DANIEL STOCK: Man sagt in unserer Branche, wenn man mit guten Spezialisten zusammenarbeiten will, findet man diese eher in Österreich. Und wenn man Österreich nochmal unterteilt, wäre es sicherlich der Tiroler Bereich, der vorne liegt, denn Tirol gehört zur Hochburg der Gastronomie.

GUNTHER T. VERLEGER: Wenn wir Ihr Haus mit Ihren Mitbewerbern vergleichen, wie sehen Sie sich da? Sie können dabei ruhig den europäischen Vergleich anstellen, denn ich weiß, dass Ihr Hotel europaweit sehr gefragt ist.

DANIEL STOCK: Ich würde es so sagen: Wir, als Familie Stock, genießen den Ruf eines familiengeführten, persönlichen Betriebes, den wir aus eigenen Kräften und mit eigenen Finanzleistungen geschaffen haben. Dies gilt übrigens für viele unserer Wellness-Kollegen und Mitbewerber.
Im Gegensatz dazu gibt es, beispielsweise im asiatischen Bereich, Betriebe, die ihre Geltung aus viel Prunk und Größe ziehen, die ihnen durch große finanzielle Investoren ermöglicht werden. Dann sind da die Luxusresorts im Süden oder der Karibik, die mit dem Flair von Sonne und Meer positive Gefühle wecken. Und zu guter Letzt gibt es weltweit die althergebrachten Hotels. In der Schweiz zum Beispiel, wo aber heute weder der Service noch das Preis-Leistungs-Verhältnis mehr passen. Aber es bleiben Häuser mit Geschichte, mit Erlebnissen, mit einer gewissen Ausstrahlung.

JÜRGEN LINSENMAIER: Einfach durch Tradition?

DANIEL STOCK: Ja, durch Tradition. Nehmen Sie Sankt Moritz oder Zermatt, die für manche ein bisschen stehengeblieben zu sein scheinen.

Trotzdem haben auch solche Orte und solche Hotels eine gewisse Atmosphäre und stellen etwas dar. Andererseits bemerkt man – und das gilt für die ganze Branche – einen Aufbruch und damit meine ich eine ganz neue Dimension der Investition: umbauen, erneuern, neue Häuser, neue Generation, neue Wellnessbereiche, Lounges, neuer Style. Man hört es, man sieht es, man spürt es – keiner bleibt stehen. Gastronomisch tut sich weltweit, europaweit und in Österreich sehr viel – alle arbeiten, investieren, kämpfen und entwickeln sich weiter.

GUNTHER T. VERLEGER: Lassen Sie mich nochmals ganz konkret darauf zurückkommen, was Ihr guter Ruf für Auswirkungen auf Ihr Haus, Ihre Außendarstellung, Ihre Produkte und Ihre Dienstleistungen hat. Wie wichtig ist er Ihnen als Familienunternehmen? Welchen Stellenwert hat der gute Ruf?

DANIEL STOCK: Ich glaube, dass die Grundlage für unseren guten Ruf in dem Moment gelegt wurde, als meine Eltern angefangen haben, das ganze Unternehmen zu betreiben, als ihr Herz begann, dafür zu schlagen. Es beginnt bei einem selbst. Unsere Eltern waren immer auf Geradlinigkeit, Ehrlichkeit und Menschlichkeit bedacht. Menschlichkeit gegenüber den Mitarbeitern, gegenüber sich selber, gegenüber den Gästen. Gäste zu verwöhnen, nicht weil sie lange bleiben, weil sie ein hochklassiges Zimmer bewohnen oder weil sie einen teuren Wein kaufen. Sondern einfach, weil sie da sind, weil sie Menschen sind, die sich erholen wollen. Und ich glaube der gute Ruf beginnt im Kleinen und basiert auf einfachen Werten wie Ehrlichkeit, Natürlichkeit und Herzlichkeit. Er bestätigt sich immer wieder im Laufe der Arbeit der Generationen und kommt einem dann zugute.

GUNTHER T. VERLEGER: Das bedeutet, dass der gute Ruf etwas ist, was wachsen muss?

DANIEL STOCK: Genau. Nehmen Sie ein Beispiel: Ein neues Lifestyle-Hotel hat eröffnet. Die Ausstattung ist besonders, alles mit Stein, Holz und Feuer, schicke Lounge und coole Musik, gute Auftritte. Daraus ergibt sich dann sicher ein gewisser Ruf, der die Neugierde weckt – viele Leute wollen sich das Hotel einmal anschauen, bevor es alle kennen. Viel wichtiger ist jedoch ein nachhaltiger Ruf. Ihn muss man sich hart erarbeiten und ihn muss man pflegen. Aber nur mit einem nachhaltigen Ruf erzielt man dauerhaft eine gute Auslastung, nicht nur im Winter oder am Wochenende.

Welche Punkte sind dies konkret – womit können Unternehmer im Service-bereich trumpfen?

Freundlichkeit, die von Herzen kommt: Spürt, hört und sieht Ihr Kunde, dass Sie freundlich mit ihm umgehen? Wir haben in diesem Punkt in Deutschland Fortschritte gemacht. Doch wenn Sie einmal im Ausland in Urlaub waren – beispielsweise in Südafrika oder Asien – werden Sie eine komplett andere Freundlichkeit feststellen. Menschen, die monetär, materiell und in Bezug auf ihre Möglichkeiten viel weniger haben, als die Mehrheit hier in Deutschland, sind dennoch um ein Vielfaches freundlicher und herzlicher, ob am Kundenschalter, im Call-Center oder in der Gastronomie.

Wie sieht dies in der Praxis aus? Wenn Sie extrem unterschiedliche Kunden haben – kann man dann von Herzen freundlich sein? Fragen wir Daniel Stock:

GUNTHER T. VERLEGER: Sie empfangen ein extrem unterschiedliches Publikum. Bei Ihnen sind Weltstars Stammgäste, wie der Fußballer Jens Lehmann oder das Top-Model Naomi Campbell. Und dann gibt es den Normalbürger, der beispielsweise seine Flitterwochen hier verbringt. Wie schaffen Sie den Spagat, so ein unterschiedliches Publikum zu begeistern und den verschiedenen Anforderungen gerecht zu werden? Sie haben vorher gesagt, Sie möchten Ehrlichkeit und Herzlichkeit ausstrahlen. Trotzdem glaube ich, dass es da einen Unterschied gibt – oder gibt es diesen nicht?

DANIEL STOCK: Nein. Es gibt keinen Unterschied, weil jeder eigentlich nur eines will: Er will mich, er will uns, er will den Betrieb so haben, wie wir wirklich sind. Je höher der Promifaktor, desto wichtiger ist es, auch diesen Gast genauso zu behandeln und zu verwöhnen, wie jeden anderen. Und das merken die Menschen. Das spürt auch ein Jens Lehmann, denn er bekommt mit, dass wir nicht nur zu ihm so respektvoll und freundlich sind, sondern dass wir zu allen so sind. Das macht es herzlich, nett und unkompliziert.

GUNTHER T. VERLEGER: Ist es entscheidend, dass ich keine Unterscheide wegen eines Promifaktors oder einer Position mache? Ist das eine Haltung, eine Einstellung, die Sie, Ihr Team und Ihre Familie einfach haben?

DANIEL STOCK: So ist es! Übrigens, drüben im Wellnessbereich im Bade-mantel, in der Sauna oder beim Skifahren sind sowieso alle gleich. Und nach einem schönen Tag sitzen alle entspannt und glücklich mit der Familie am

Tisch. Da spielt es keine Rolle, ob er Arbeitnehmer, Arbeitgeber, arbeitslos oder ein Prominenter ist.

GUNTHER T. VERLEGER: Aber einen Unterschied gibt es doch. Und zwar in der Einstellung der Gäste.

DANIEL STOCK: Ja, in der Einstellung der Kunden gibt es den Unterschied. Der eine ist heikel beim Essen, der andere hat diese Vorlieben, der eine ist eitel, was dies betrifft, der andere legt mehr Wert auf das. Und so hat jeder Mensch, auch Sie und ich, seine Einstellungen, seine Ansprüche und seinen Charakter. Unser Feingefühl besteht dann darin, sensibel die Eigenheiten des Gastes herauszufinden und darauf einzugehen. Zu wissen, wer das Gourmetmenü auf ganz heißen Tellern serviert haben will, wer keinen Alkohol trinkt, wem ich auf die Schulter klopfen kann und wer mehr die Distanz schätzt ... Je heikler der Gast, desto größer die Herausforderung für uns. Das ist schön – denn hin und wieder brauchen wir alle schwierige Gäste. Damit wir wachsen, damit wir uns anstrengen müssen, damit wir das meistern. Und damit wir dann auch wieder die unkomplizierten Gäste schätzen. <lacht>

Seien Sie erreichbar! Telefonisch, per E-Mail oder Fax, über die Neuen Medien? Kann Ihr Kunde noch „*live*" mit einem Menschen kommunizieren oder geht alles über automatisierte E-Mails, Warteschleifen („*drücken Sie eins für..., zwei für..., neun, wenn Sie keine Lust mehr haben*").

Hören Sie hin! Wenn der Kunde Kontakt zu Ihnen aufnimmt, nutzen Sie diese Gelegenheit! Hören Sie genau hin, was er/sie auf dem Herzen hat. Wo liegt das Problem? Nicht interpretieren, einfach nur verstehen (die weiblichen Leser wissen genau, was ich meine). Ein gutes Indiz dafür, ob Sie gut hinhören, ist der Redeanteil, den Sie selbst am Gespräch haben. Liegt dieser bei 50 Prozent und mehr? – Vergessen Sie es, Sie haben nicht hingehört. Sie haben sich unterhalten. Liegt die Aufteilung bei zwei Dritteln für Ihren Kunden und einem Drittel für Sie, sind Sie auf dem richtigen Weg. (Sie kennen es bestimmt schon: Sie haben zwei Ohren und einen Mund ...) Apropos kennen. Tauschen Sie im Wort „*kennen*" das erste „*e*" einmal gegen ein „*ö*" aus. Wenn Sie diesen kleinen Unterschied in der Praxis zum Thema hinhören umsetzen, machen Sie bereits große Fortschritte.

Handeln Sie professionell! Dies ist bestimmt ein dehnbarer Begriff, doch auch hier hat der Kunde eine Erwartungshaltung, die Sie als Dienstleister erfüllen oder übertreffen können und sollen. Von einer Servicekraft in einem Restaurant wird erwartet, dass sie fehlerfrei im Kopf rechnet, schnell ist und mehrere Dinge gleichzeitig wahrnehmen und abwickeln kann. Von einer Servicekraft im Büro wird erwartet, dass sie das Zehnfingersystem beherrscht und fehlerfrei Briefe und Texte verfassen kann. Von einem Handwerker wird erwartet, dass er vorbereitet auf die Baustelle kommt und nicht wegen jeder Kleinigkeit zurück zum Fahrzeug, in die Werkstatt oder zum Großhändler muss. Dies sind alles nur Beispiele, die erwartet werden, will man als professionell eingeschätzt werden. Dies ist noch keine Übererfüllung von Erwartungen!

Reagieren Sie schnell! Wie schnell erhält ein Kunde eine Rückmeldung? Ich meine nicht, wie schnell erhält er die Lösung? Das ist erst die nächste Stufe. Ich lege zum Beispiel größten Wert darauf, dass Anfragen, die wir über unsere Webseite erhalten und bei denen eine Rufnummer angegeben ist, telefonisch innerhalb von zwölf Stunden beantwortet werden. Die meisten Interessenten sind schlicht überwältigt, dass sie tatsächlich persönlich angerufen werden.

Seien Sie pünktlich! Ob bei Lieferungen, persönlichen Terminen oder Projektabschlüssen: Die Erwartung aus Kundensicht ist, dass pünktlich geliefert beziehungsweise erschienen wird. Nur falls Sie in einer Branche tätig sein sollten, deren Ruf in der öffentlichen Wahrnehmung in puncto Pünktlichkeit bereits ruiniert ist, übertreffen Sie bereits die Erwartung allein dadurch, dass Sie pünktlich sind!

Halten Sie Ihre Zusage ein! Sie haben die Antwort oder die Lösung nicht direkt parat? Das macht nichts! Fragen Sie Ihren Kunden, bis wann und auf welchem Kommunikationskanal Sie ihm die Antwort geben können und – Achtung – halten Sie sich auch daran! Oder noch besser – liefern Sie früher und mehr! Beispiel: Ihr Kunde wünscht eine Antwort bis 16 Uhr am Folgetag. Sie rufen ihn gleich morgens um acht Uhr an – oder, falls möglich, sogar noch am gleichen Tag. Das erwartet er nicht und wird es deshalb zu schätzen wissen.

Legen Sie den Fokus auf die Lösung! Ihr Kunde schildert Ihnen den Stand der Dinge – meist eines Problems, einer Situation, mit der er aktuell nicht zufrieden ist. Was er jetzt am allerwenigsten will, ist die Erläuterung des Problems. Er will nicht wissen was, wie, weshalb und warum es so ist, wie es ist. Er will nur eins: die Lösung.

Seien Sie dankbar! Wie wirkt es bei Ihnen, wenn ein Service-Mitarbeiter nach Schilderung einer Situation eines Kunden antwortet: *„Vielen Dank, dass Sie sich persönlich bei uns melden. Wir schätzen dies sehr …"* – oder – *„Danke, dass Sie einen Moment gewartet haben …"* – oder – *„Schön, dass Sie dies offen und direkt* *ansprechen, jetzt können wir konkret an der Lösung arbeiten ...".* Wichtig dabei ist natürlich, dass der Dank von Herzen kommt und sich nicht anhört wie auswendig gelernt oder abgelesen.

Nutzen Sie Reklamationen! Auch wenn es sich vielleicht seltsam anhört: Reklamationen können für Sie DIE Chance sein, bei Ihren Kunden richtig zu punkten. Sie müssen dafür einige Dinge beachten:

Wie leicht ist die Abwicklung für Ihre Kunden? (Rücksendungsmöglichkeiten, Kosten, Ersatz, Alternativen etc.).

Was gibt es als *„Entschädigung"*? Auch hier ein kleines Beispiel aus meinem Leben: Aus alter Verbundenheit bin ich immer noch BMW-Fan. Wir haben bei uns zu Hause in Stuttgart leider keine Garage, und da ich auch im Winter oftmals schon um fünf oder halb sechs Uhr das Haus verlasse, gönne ich mir eine Standheizung. Für mein neues Leasingfahrzeug, ein X1 2.0d, ist die Standheizung jedoch nicht ab Werk lieferbar, sondern kann nur als nachträgliches Sonderzubehör durch den Händler eingebaut werden. Durch unser Netzwerk habe ich das beste Angebot von einem Händler in Frankfurt erhalten und holte das Fahrzeug dort direkt ab. Es war Januar, so dass ich die Standheizung bereits am dritten Tag in Betrieb genommen habe. Leider fand ich die Temperatur im Wagen nicht wirklich angenehm. Okay, vielleicht hatte ich etwas nicht richtig eingestellt? Am nächsten Morgen hat das Gebläse zwar richtig Radau gemacht – warm war es leider immer noch nicht. Um es abzukürzen: Der Händler hatte vergessen, die Standheizung einzubauen! Nun gut, auch das soll es geben, und der Händler reagierte prompt. Es wurde ein Fahrer aus Frankfurt gesandt, der meinen X1 zurückholte, um die Standheizung in Frankfurt einzubauen. Selbstverständlich erhielt ich einen Ersatzwagen für diese Zeit. Was hätten Sie gemacht – mir ein gleichwertiges, ein leistungsschwächeres oder ein leistungsstärkeres Fahrzeug zur Verfügung gestellt? Hier unterscheidet sich der gute vom Spitzenservice. Mir wurde *„nur"* ein 320d überlassen. War das normaler, guter oder Spitzenservice? Welche Wirkung hätte Ihrer Meinung nach das Autohaus für seinen eigenen Ruf erzielt, wenn ich für diese eine Woche einen M1 erhalten hätte? Oder einen 3er mit Sechs-Zylinder-Motor und Vollausstattung? Die Wirkung wäre garantiert eine ganz andere gewesen. Dabei hätte diese Aktion das Autohaus rein monetär gesehen nicht wirklich viel gekostet, oder? Sie können sicher sein, dass ich dieses Erlebnis kommuniziert habe, nicht nur hier im Buch, sondern auch in meinem Freundes- und Bekanntenkreis und bei Geschäftspartnern. Ich gehe davon aus, dass es für das Autohaus wesentlich ruffördernder gewesen wäre, mir ein Fahrzeug ein bis zwei Klassen höher auszuleihen, das sie im Betrieb stehen hatten.

Definieren Sie Grenzen! Natürlich müssen Sie überlegen, welche Service-Dienstleistung Sie Ihren Kunden für welches Budget anbieten können. Schaffen Sie auch hier Klarheit, was im kostenlosen Service inbegriffen ist und was nicht. In Nordamerika geht man gerne die so genannte *„extra Meile"*, strengt sich also ganz besonders an. Ein Beispiel ist das Kaufhaus Nordstorm: Ein Kunde bringt Autoreifen zurück und erhält den vollen Kaufpreis erstattet, ohne eine Erklärung abgeben zu müssen. Das Besondere daran ist, dass Nordstorm als klassisches Kaufhaus (vergleichbar zu Galeria Kaufhof in Deutschland) gar keine Autoreifen im eigenen Sortiment hat! Oder der Online-Schuh- und Bekleidungsversand Zappos, bei dem die Kunden alle Artikel frei Haus geliefert bekommen und unfrei (ohne Rückporto) zurücksenden dürfen. Soweit noch alles *„normal"*. Nun stellen Sie sich aber folgendes vor: Sie können nachts um halb 12 Uhr in Los Angeles Ihren persönlichen Kundenbetreuer per Telefon anrufen – und Sie erreichen ihn auch! Dann fragen Sie ihn nach einer Pizza und diese wird Ihnen innerhalb von 30 Minuten nach Hause geliefert. Da würde es mich sehr wundern, wären Ihre Service-Erwartungen nicht übertroffen und Sie begeistert von dieser Dienstleistungsbereitschaft!

Wo sind die Grenzen bei Reklamationen? Wie weit sollte der Service gehen? Dr. Ivan Misner von BNI erzählt hier ein Erlebnis:

DR. IVAN MISNER: Wir hatten eine Person, die aus einer unserer Unternehmergruppen ausgeschlossen wurde und im Internet dazu Dampf abgelassen hat. Er machte Aussagen, die fachlich absolut inkorrekt waren. So behauptete er, dass BNI ein Multi-Level-Marketing-System sei. Also habe ich auf seinen Kommentar einfach geantwortet. Ich habe es bedauert, dass er eine schlechte Erfahrung mit und in seinem BNI-Team gemacht hat, auch wenn ich nicht alle Details kannte. Und ich habe ihm erläutert, dass wir den Anspruch als Organisation haben, anderen Menschen zu helfen, dass diese ihr Geschäft weiter nach vorne bringen und es sehr schade ist, dass dies bei ihm nicht funktioniert hat.

Nun müssen Sie wissen, dass dieses Ex-Mitglied ein Anwalt war. Und so formulierte ich meinen nächsten Satz „Wie Sie als Anwalt wissen, ist es extrem wichtig, dass man immer akkurate Informationen hat. So darf ich Ihnen mitteilen, dass BNI keine Multi-Level-Marketing-Organisation ist, sondern eine Franchise-Unternehmung, wie Sie auf unserer Webseite lesen können. Ebenso bitte ich Sie, dies mit den offiziellen Stellen des Handelsregisters zu überprüfen, bei denen wir ebenso als Franchise-Unternehmen eingetragen sind. Aus diesem Grunde würde ich es begrüßen, wenn Sie diese Aussage aus dem Internet entfernen. Und nochmals, ich bedauere es, dass Sie eine schlechte Erfahrung bei BNI gemacht haben." So und nun kommt es.

Er antwortet wiederum auf meine Antwort in seinem eigenen Blog! Er war dankbar, dass er eine Antwort erhalten hatte – auch wenn er von der spezifischen Situation des „Rauswurfs" weiterhin nicht begeistert war. Doch er schrieb, dass es eine Menge zeigt, wenn der Eigentümer einer Firma auf Blogs antwortet, denn es bestätigt, dass es ihm persönlich wichtig ist. Er hat die Einträge beim Handelsregister überprüft und bestätigt, dass BNI kein Multi-Level-Marketing-Unternehmen ist und hat den Eintrag gelöscht.

Die Überraschung: Kinder lieben Überraschungen – jedoch meistens aus dem Grund, weil sie etwas Positives damit verbinden. Wenn Sie Geschäftsführer eines Unternehmens sind, gehen Sie wahrscheinlich eher vorsichtig mit Überraschungen um, denn meist sind es Probleme, die in erster Instanz nicht positiv sind. Kommen wir zurück auf Ihren guten Ruf. Wie können Sie diesen zu Ihren Gunsten beeinflussen? Genau – durch eine Überraschung, und zwar eine positive für den Kunden!

Ein Beispiel aus dem Handwerk: Stellen Sie sich vor, Sie haben sich entschieden, Ihre Wohnung von einem Maler renovieren zu lassen. Sie haben sich mehrere Angebote geben lassen, sich für das „beste" Preis-Leistungs-Angebot entschieden. Die Abwicklung ist erfolgt und war perfekt: pünktlich, alles wurde sauber hinterlassen, nichts Unerwartetes. Am gleichen Tag oder spätestens einen Tag nach der Fertigstellung kommt der Chef persönlich bei Ihnen vorbei und überreicht der Frau des Hauses (sofern es eine gibt!) einen Blumenstrauß mit einer schönen Karte. Er bedankt sich nochmals persönlich für den Auftrag und erläutert, dass der Blumenstrauß dafür sorgen soll, dass sie sich so schnell wie möglich in ihren vier Wänden wieder heimisch fühlt. Was glauben Sie, was diese Frau in ihrem Freundeskreis von der Renovierung erzählt? Wie teuer das Angebot war oder dass es nach frischer Farbe gerochen hat? Bestimmt nicht. Ist dies mit Aufwand für das Malerunternehmen verbunden? Ja, allerdings ist dieser vertretbar und hinterlässt einen entscheidenden positiven Eindruck. Auch wenn es um Ihren guten Ruf geht, gilt: Der erste Eindruck zählt und der letzte Eindruck bleibt.

Unterstellen wir, die Malerarbeiten wären nicht so problemlos vonstatten-gegangen. Dann wäre der Besuch des Chefs eine ausgezeichnete Möglichkeit gewesen, alles wieder gerade zu rücken. Der Blumenstrauß als angenehme Überraschung, das persönliche Kümmern. Hier können selbst Kunden, die unzufrieden sind oder waren, schnell wieder positiv gestimmt werden. Und ganz entscheidend – Sie haben eine Qualitätskontrolle in Ihren eigenen Prozess eingebaut!

Seien Sie sich immer über folgende Elemente bewusst:

- Ihr Ruf wird nicht durch einen Fehler negativ beeinflusst, sondern erst durch Ihre unangemessene Reaktion auf Ihren Fehler.

- Der Kunde verzeiht Ihnen einen Fehler – sofern Sie ihn nicht wiederholen und aufrichtig mit der Lösung umgehen.

- Sie wollen Ihren Ruf in Bezug auf Service verbessern? Dann sind die beiden Faktoren *„Zeit"* und *„persönliche Note"* entscheidend. Kunden hassen lange Warte- oder Reaktionszeiten, wochenlangen Schriftverkehr, Anrufbeantworter, Warteschleifen, Aussagen wie *„Wir sind hierfür nicht zuständig"*. Ebenso nicht ernst genommen zu werden oder das Gefühl zu bekommen, dass dies *„keine Chefsache"* ist.

- Dialog (ob am Telefon oder persönlich) ist immer besser, als Monolog (Brief, Fax, E-Mail, Neue Medien etc.).

- Machen Sie den Barhockertest (nach Klaus Kobjoll): Wenn über das Service-Element, das Sie Ihren Kunden bieten, freitagabends an der Bar geredet wird, hat es Auswirkungen auf Ihren Ruf! Jetzt müssen Sie nur noch die Service-Elemente forcieren, die mit Begeisterung als tolles Beispiel kommuniziert werden!

Zum Thema Begeisterungsmerkmale, Basismerkmale usw. gibt es das Kano-Modell (nach Noriaki Kano, http://de.wikipedia.org/wiki/Kano-Modell). Wichtig dabei ist, dass es für alles einen Prozess gibt. Der Blumenstrauß sollte nicht dem Zufall überlassen bleiben.

Reputationsauslöser Service

Von der Erstkontaktaufnahme bis zur Kundenpflege entstehen immer wieder Berührungspunkte, die zu einem guten oder schlechten Ruf führen. Sie finden auf unserer Webseite im internen Bereich (Passwort siehe Anhang) einen Fragenkatalog, der Ihnen hilft, die einzelnen Schritte genauer zu betrachten.

Meine Gedanken/Anregungen/Ideen/Erkenntnisse
zur Verbesserung des Rufes beim eigenen Service:

Ihr guter Ruf verkauft! Sonst nichts. **47**

Verkaufen: Haben Sie einen Kunden schon einmal „wow" sagen hören?

Seit wann hat Verkaufen etwas mit Ihrem guten Ruf zu tun? Kann sich das „*Verkaufen*" wirklich auf Ihren Ruf und Ihre Reputation auswirken? Die Antwort hier ist eindeutig: Ja!

Zum Zeitpunkt an dem Ihr Verkaufsprozess startet, gelangen Sie an einen entscheidenden Punkt, der Ihren Ruf extrem nach vorne bringen oder auch aufs Abstellgleis manövrieren kann.

Neben vielen wichtigen Punkten, die Sie bestimmt bereits auf Verkaufsschulungen kennengelernt oder gelesen haben, hier einige zur Erinnerung, Auffrischung oder Ergänzung:

- Verkaufsprozess
- Erwartungen
- Klarheit

Reputationsauslöser Verkaufsprozess

Aus welchem Grund sollten Sie einen Verkaufsprozess dokumentieren? Damit der Ablauf

a) nachvollziehbar für die anderen Beteiligten ist,
b) durchgängig und reproduzierbar ist (nach dem Motto „*consistency over correctness*") und
c) von Ihren Kunden transparent wahrgenommen wird.

Was kann passieren, wenn Sie dies nicht tun? Stellen Sie sich zu Punkt a) bitte einmal vor, wie es auf einen Kunden wirkt, wenn dieser in einem Telefonat auf sein Angebot referenziert und einer Ihrer Mitarbeiter dieses Angebot nicht findet, die Inhalte nicht zuordnen kann oder sonst unqualifizierte Antworten gibt? Ich persönlich hätte dann sofort den Eindruck „*Aha, bei ihrem eigenen Geschäft ist diese Firma schon chaotisch. Was passiert erst, wenn sie sich um meine Belange kümmern muss…?*"

Zu Punkt b): Als ich noch in der Beratung bei Porsche Consulting tätig war, hat mir einer meiner Kollegen, der jahrelang bei McKinsey gearbeitet hat, geraten: „*Gunther, bei Präsentationen gilt immer consistency over correctness!*". Warum?

Der Gesprächspartner kann kaum beurteilen ob ein Preis, ein Aufwand, eine Zeitdauer, ein Beschreibung etc. wirklich zu 100 Prozent korrekt ist (Sind die Herstellungskosten für ein Produkt wirklich 88,90 Euro oder waren es 89,80 Euro? Handelt es sich um einen Intel 2,7 Gigahertz- oder 2,5 Gigahertz-Prozessor?). Was jedoch jeder Laie sofort erkennt ist, wenn die Präsentation in sich nicht logisch zusammenhängt! Und genau das Gleiche gilt für ein Angebot. Auch dies ist eine Präsentation Ihrer Firma, und wenn Sie hier Inkonsistenzen zeigen, geben Sie Ihrem potenziellen neuen Kunden Anlass, misstrauisch zu werden. Das Vertrauen, das unbedingt notwendig ist, um langfristig einen guten Ruf aufzubauen, wird dadurch nicht gefördert.

Zu Punkt c): Sie glauben, dass Ihre Kunden sich nicht untereinander austauschen? Da täuschen Sie sich gewaltig. Wenn Sie eine erfolgreiche Firma haben und Sie mehr und mehr neue Kunden durch die Empfehlungen begeisterter Kunden bekommen, sprechen diese Kunden natürlich auch über die Konditionen, die sie erhalten. Und wie gehen Sie mit der Frage um, warum Frau Müller fünf Prozent Skonto erhält und Herr Schmidt nur drei Prozent? Warum wurde einmal ein Stundenlohn von 69 Euro berechnet und in einem anderen Fall 79 Euro? Wie klar und transparent sind Sie mit Ihren Preisen, Angebotsbedingungen, Zahlungsmodalitäten etc.? Finden Sie es toll, wenn beim Italiener der Nachbartisch den Espresso gratis erhält und Sie nicht? Und dabei geht es ganz klar nicht darum, dass Sie sich den Espresso nicht locker leisten könnten.

Wann ist man bei Ihnen ein Stammkunde? Unter welchen Bedingungen erhält man bei Ihnen andere Verkaufskonditionen? Sie wissen, dass ich meine Haupttätigkeit als Franchise-Unternehmer ausübe. Franchise kann von großem Nachteil und von großem Vorteil sein. Ein Vorteil ist, dass wir eine klare Preisstruktur ohne jeglichen Verhandlungsspielraum haben. Wenn dies nicht akzeptiert wird, geben wir unseren Kunden die Möglichkeit, direkt mit unserem Franchisegeber zu verhandeln. Doch diesen Aufwand wollte sich bisher seltsamerweise niemand machen. Deshalb: Seien Sie transparent und sehr klar – Sie werden sich spätestens an diese Aussage erinnern, wenn Sie in Erklärungsnot sind. Und wenn Sie dann nicht wirklich eine gute Lösung finden, geben Sie Ihrem potenziellen, aktuellen oder vielleicht schon bald Ex-Kunden sehr viel Munition an die Hand, die er einsetzen kann – und zwar genauso wie Sie es nicht wollen!

Natürlich gibt es Unterschiede: Betreiben Sie ein Massengeschäft, bedienen Sie also jährlich Hunderte oder Tausende von Kunden? Oder wickeln Sie ausschließlich individuelle Projekte ab? Selbstverständlich spielt auch die Art Ihres Produktes oder Ihrer Dienstleistung eine Rolle. Ein umfangreiches IT-Projekt muss sicherlich anders geplant werden als der Verkauf von Backwaren. Und zu guter Letzt macht es einen Unterschied, ob Sie Einzelkämpfer sind oder mehrere Hundert Mitarbeiter haben.

Eines sollte aber offensichtlich sein: Sobald in Ihrem Unternehmen mehr als eine Person für den Verkaufsprozess zuständig ist, sollten Sie Ihren Ablauf sauber dokumentieren.

Reputationsauslöser Erwartungen

Was heißt für Sie verkaufen? Wofür stehen Sie im Verkauf? Wofür müssen Sie im Verkauf stehen, wenn es um Ihren Ruf geht? Das Sprüchlein „anhauen-umhauen-abhauen" ist kalter Kaffee, den wir nicht mehr aufwärmen müssen. Gehen wir einmal davon aus, Sie haben einen Verkaufsprozess, der Ihren Ruf zum Positiven beeinflusst. Dann gehört ins Angebot auch, dass die Erwartungen abzustimmen sind. Klären Sie immer im Vorfeld mit Ihrem Kunden

- seine Wünsche
- Ihr Leistungsangebot
- die Machbarkeit (Timing, Ressourcen, Verantwortung)
- sein Budget

Gilt das für alle und für jede Branche? Schauen wir uns das Beispiel des Friseurs an: Kennt er die Wünsche des Kunden nicht, kann dies zur Katastrophe führen: falsche Farbe oder falsche Definition von kurz (zwei Millimeter, zehn Millimeter, zwei Zentimeter?). Was sein Leistungsangebot betrifft: Ist er wirklich hand-werklich in der Lage, genau die Frisuren zu zaubern, die Sie bei den Hollywoodstars gesehen haben oder die im Frisurenkatalog abgebildet sind? Wer setzt die Leistung um? Der Top-Stylist oder der Azubi im ersten Lehrjahr? Habe ich überhaupt die Haare für eine derartige Frisur? Was kostet der neue Schnitt und wie lange muss ich im Salon einplanen? Alles ganz normale Punkte, die vorher geklärt werden müssen. Geht das? Natürlich. Macht das jeder? – Natürlich nicht!

War Ihnen das Beispiel mit dem Friseur zu einfach? Wie sieht es in Ihrer Branche aus? Erinnern Sie sich bitte an einen Ihrer begeisterten Kunden und an einen eher unzufriedenen. Schreiben Sie auf, welche der Punkte vorher abgestimmt wurden (Wünsche, Leistungsangebot, Machbarkeit, Budget). Eine praktische Matrix zum Download finden Sie hier (alle Links sind im Anhang ausgeschrieben *aufgelistet. Dort finden Sie auch das Passwort zum Downloadbereich auf unserer Webseite).*

Verkaufen heißt, dem Kunden dabei zu helfen, eine Entscheidung zu treffen. Dies geht viel leichter, wenn die Rahmenbedingungen klar sind. Natürlich können Sie auch verkaufen, ohne dies zu tun. Doch wird das Ihren Ruf positiv beeinflussen? Das ist eher unwahrscheinlich. Auch wenn Sie unterm Strich den einen oder anderen Abschluss nicht erzielen oder mehr Aufwand haben, handeln Sie klar, handeln Sie transparent und Ihre Kunden werden Sie dafür schätzen – und das wollen Sie doch, oder?

Wir haben Hartmut Jenner von Kärcher gefragt, was für ihn als Käufer von irgendeinem Produkt oder irgendeiner Dienstleistung einen „wow"-Effekt auslösen würde:

GUNTHER T. VERLEGER: Ist es heutzutage wirklich schwierig einen „wow"-Effekt auszulösen?

*HARTMUT JENNER: Bei mir entsteht der „wow"-Effekt genau dann, wenn ich ein Problem habe und **sofort** eine Lösung dafür erhalte. Ob ich nun bei einer Hotline anrufe, im Netz surfe oder im Laden stehe. Wenn ich sofort eine Lösung erhalte – vorausgesetzt diese ist kompetent und realisierbar, dann sage ich „wow, das gefällt mir". Wir leben in einer Zeit, in der die meisten Menschen nicht mehr bereit sind, zu warten. Der Kunde möchte nicht Ewigkeiten in der Warteschlange verweilen, x-mal verbunden werden, unzählige Aussagen überprüfen etc. Die Menschen wollen **jetzt** eine Lösung für ihr Problem. Oder **jetzt** die Anleitung zum Lösen ihres Problems. Hier ist natürlich auch wichtig, dass der individuelle Bedarf verstanden wurde und die Lösung für den individuellen Fall passt.*

Reputationsauslöser Klarheit

Wissen Sie, warum die meisten Ehen scheitern? Weil keine Klarheit besteht, *bevor* das Eheversprechen eingegangen wird. Wer redet im siebten Himmel schon über die unangenehmen Themen? Wie viele Ehepaare haben einen Ehevertrag? Wie viele vermögende Ehepaare haben einen Ehevertrag? Prozentual weit mehr als die anderen! Warum ist das so? Weil für sie die Klarheit, was im schlechtesten Fall passieren kann, existenziell ist. Klarheit macht frei, gibt Sicherheit, schafft Vertrauen, strahlt Ruhe aus – deshalb gibt es überhaupt keinen Grund, Angst vor klaren Verhältnissen zu haben. Im Verkauf möchten Sie *vorher* Klarheit über die

Zahlungsbedingungen, die Umtauschkonditionen, die Risiken haben. Natürlich macht der Ton die Musik, und am weitesten kommt man hier mit einer freundlichen und klaren Sachlichkeit. Ich möchte Ihnen ein Beispiel aus meinem Berufsleben schildern:

Wir haben eine klare Spielregel, dass unsere potenziellen Kunden *bis zu zwei Mal* an einem Frühstücks-Treffen teilnehmen dürfen, bevor wir sie um die Entscheidung bitten, ob sie Mitglied werden wollen. Da wir in unserem Einzugsgebiet nun schon 23 Unternehmerteams – sogenannte Chapter – (Stand 2012) haben, sind manche Interessenten so „*clever*" und beziehen diese zweimalige Möglichkeit auf jede einzelne Gruppe. Wir hatten vor vielen Jahren einen Interessenten zu Gast, der bereits zwei unserer Treffen besucht hatte. Beim dritten Treffen in einem anderen Team war ich zufällig auch anwesend. Ich habe ihn herzlich begrüßt, mit ihm gesprochen, und bevor wir in den zweiten Teil der Sitzung gegangen sind, habe ich ihn gefragt, wie er sich denn entscheiden wolle. Er meinte, dass er sich noch ein paar Teams anschauen und sich dann für das beste bewerben wolle. Ich habe ihm freundlich klar gemacht, wie diese Spielregel in der Praxis gemeint ist und dass dies nicht möglich sei. Seine Frage daraufhin war: „*Und was machen wir jetzt?*" Meine Antwort: „*Wenn Sie wollen, können Sie sich gerne in diesem Team bewerben. Dann kommunizieren Sie dies jetzt direkt. Dann können Sie auch gerne am zweiten Teil des Treffens teilnehmen.*" Seine Antwort darauf hin: „*Und was passiert, wenn ich dies nicht mache?*" Meine Antwort: „*Nichts, für Sie ist dann jedoch das Treffen hier und jetzt beendet*". Nach einem kurzen Schweigen kam seine Antwort: „*Gut, wenn das so ist, dann bewerbe ich mich jetzt hier in diesem Team!*"

Sie glauben, dass mir dies leicht von den Lippen ging? Sie glauben, dass ich ein abgebrühter Hund bin? Sie täuschen sich. Mir haben die Knie geschlottert, und ich habe mich weder wohl noch sicher gefühlt. Doch diese Klarheit war genau das Richtige. Die Antwort hätte natürlich genauso gut anders ausfallen können, doch sie war allen Beteiligten dienlich. Der Kunde war nicht besonders lange Mitglied bei uns (aus anderen Gründen jedoch, die mit seiner eigenen Logistik zu tun haben), doch wir sind zwischenzeitlich sehr gute Freunde geworden, genauso wie unsere Ehefrauen. Eines Tages habe ich ihn nochmals auf die Situation angesprochen und gefragt, warum er sich in dieser Situation dafür und nicht dagegen entschieden hat. Seine Antwort war: „*Wer so klar kommuniziert, handelt integer – das hat mir gefallen und mir die Sicherheit gegeben, dass dies das Richtige für mich ist*". Er ist auch heute noch ein begeisterter Fan unseres Marketingprogramms und spricht gut über uns – auch als „*Ex-Kunde*"!

Checkliste für Ihren guten Ruf im Verkauf durch Klarheit

☐ Ich habe einen schriftlich dokumentierten Verkaufsprozess?

☐ Der Verkaufsprozess ist für alle Beteiligten nachvollziehbar (Mitarbeiter und Kunden)?

☐ Die einzelnen Schritte sind konsistent und reproduzierbar?

☐ Der gesamte Ablauf im Verkauf wird von meinem Kunden transparent wahrgenommen.

☐ Die Erwartungen sind geklärt?
  - Wünsche
  - Leistungsangebot
  - Machbarkeit (Timing, Ressourcen, Verantwortung)
  - Budget

☐ Ich kommuniziere klar, was möglich ist und was nicht (auch wenn ich vielleicht den Kunden dadurch nicht gewinnen kann!)?

Übrigens: Sie haben bestimmt schon einmal die Aussage gehört „*Wegen dieser Sache haben wir jetzt den Kunden verloren...*". Dies gilt nur, wenn die Person bereits Kunde bei Ihnen war. War sie noch nie Kunde bei Ihnen, ist diese Aussage absolut inkorrekt. Denn Sie können nicht etwas verlieren, was Sie noch nicht haben. Wer sich zum eigentlichen Verkaufsprozess mit einem Profi austauschen möchte, der sollte für sich www.sandlersales.de prüfen. Ich habe sehr gute Erfahrungen damit gemacht und die Aussage „*Sie können nichts verlieren, was Sie noch nicht haben*" stammt aus deren Verkaufsprozess.

Was sagt unser Experte Dr. Ivan Misner zum Thema der gute Ruf im Verkauf und beim Netzwerken – hat das eine mit dem anderen überhaupt zu tun?

GUNTHER T. VERLEGER: Das Thema Netzwerken hat für unterschiedliche Personen eine unterschiedliche Bedeutung und es kommt immer wieder zu Verwirrungen und Missverständnissen. Hat Netzwerken mehr mit Marketing oder mehr mit Verkauf zu tun? Ist der Übergang fließend oder hat Netzwerken überhaupt nichts mit Verkauf zu tun? Was ist Ihre Meinung?

DR. IVAN MISNER: Für mich ist es sehr einfach: Netzwerken kann zum Verkauf führen. Sie könnten der beste Netzwerker der Welt sein und überhaupt nichts verkaufen. In meinem Buch „Marketing zum Nulltarif" gebe ich eine Definition dazu: Netzwerken ist der Prozess,

- Kontakte zu pflegen und auszubauen,
- sein Geschäft oder seinen Umsatz zu steigern,
- sich mehr Wissen anzueignen,
- den Kreis des Beeinflussbaren auszuweiten oder
- der Gemeinschaft zu dienen.

Somit kann Netzwerken in einer Vielzahl von Möglichkeiten verwendet und betrachtet werden. Für mich ist es eindeutig mehr als nur Marketing oder nur Verkauf. Es kann für beides angewandt werden.

GUNTHER T. VERLEGER: Das ist eine tolle Definition, denn Netzwerken ist sicherlich vielfältig.

DR. IVAN MISNER: Ja, Netzwerken ist ein Werkzeug und kann in diesen genannten Bereichen sehr gut eingesetzt werden – je nachdem was man erreichen will.

GUNTHER T. VERLEGER: Schön. Wenn nun jemand einen tollen Ruf im Bereich des Netzwerkens genießt – gibt es ein Geheimnis was diese Person macht oder auch anders macht, wenn sie einen Verkaufsabschluss einleitet oder vollzieht?

DR. IVAN MISNER: Mmh – <denkt kurz nach>: Gibt es ein Geheimnis? Ja, als renommierter Netzwerker möchten Sie den Verkauf nur dann abschließen, wenn Sie Ihre Glaubwürdigkeit unter Beweis gestellt haben.

JÜRGEN LINSENMAIER: Soll das heißen, dass ich als Netzwerker ein besseres Gefühl für den Moment habe, in dem die Frage nach dem Auftrag passt?

DR. IVAN MISNER: Ja, es ist absolut O.K., nach dem Abschluss zu fragen. Doch Sie müssen zwischen dem Verkaufs- und dem Empfehlungsprozess unterscheiden. Wenn Sie bei einem Kunden sind, sind Sie direkt im Verkauf. Sie machen eine Präsentation, stellen sich ihm vor, fragen was er braucht, was er will und zum Schluss nach seiner Entscheidung. Das hat nichts mit Netzwerken zu tun, das ist Verkauf.

Wenn Sie aber nach Empfehlungen fragen, müssen Sie unbedingt auf dem Glaubwürdigkeits-Level sein – sonst geht nichts. Hier ist es wichtig, nicht zu früh zu fragen, sondern erst, wenn ich beim Gegenüber als glaubwürdig eingestuft wurde. Beim Netzwerken erläutere ich den **V-C-P®** **Prozess** *(Anm.:* **Visibility – Credibility – Profitability, also Sichtbarkeit – Glaubwürdigkeit – Rentabilität).** **Dies ist ein Empfehlungsprozess – KEIN Verkaufsprozess!** *Wenn Sie nach Empfehlungen fragen, bevor eine Beziehung besteht, werden Sie so gut wie immer scheitern – weil Sie sich eben die Glaubwürdigkeit noch nicht verdient haben. Und genau dies ist der Punkt, der den meisten Menschen nicht klar ist. Die meisten sind meiner Erfahrung nach der Meinung, dass V-C-P* ein Verkaufsprozess ist. Und genau das ist eben NICHT der Fall.*

JÜRGEN LINSENMAIER: Meinen Sie, dass man auf Veranstaltungen also nicht verkaufen sollte?

DR. IVAN MISNER: Ein Beispiel – dies habe ich übrigens schon mehrfach in einer Übung auf Veranstaltungen eingebaut: Ich frage Unternehmer, was sie glauben, auf welchem Level sie gerade bei ihrem KUNDEN stehen – also nicht bei fremden, sondern bei Personen, die bereits bei ihnen kaufen und zu welchen sie eine Geschäftsbeziehung haben. In welcher der drei Phasen von V-C-P *stehen Sie momentan? Die meisten antworten, dass sie bereits bei Rentabilität stehen. Ich frage daraufhin nach: Gibt Ihnen die überwiegende Mehrheit Ihrer existierenden zahlenden Kunden immer wieder Empfehlungen und sprechen sie aktiv Empfehlungen für Sie aus? Denn die Tatsache, dass sie Ihre Kunden sind, bedeutet lediglich, dass sie vielleicht Ihre Produkte verwenden und Ihre Dienstleistung nutzen. Das heißt aber nur, dass Sie auf dem Level der Glaubwürdigkeit sind, weil sie der Meinung sind, dass Sie gut sind. Auf dem Level der Rentabilität sind Sie aber erst angekommen, wenn Ihre Kunden Sie weiterempfehlen.*

GUNTHER T. VERLEGER: Super, perfekt. Wenn nun jemand auf das nächste Level oder an den Gipfel kommen möchte, was seine Netzwerkfähigkeiten anbelangt und er ist nun auf einer Netzwerkveranstaltung, dann soll er – so wie Sie es als „der Vater des modernen Netzwerkens" bezeichnen – keine direkte Verkaufsabsicht haben. Doch wann kommt ein Profi, wie Sie einer sind, dann tatsächlich zum Abschluss?

DR. IVAN MISNER: Wenn ich weiß, dass mich jemand für glaubwürdig einstuft. Wenn ich jemanden neu treffe und ich versuche, gleich beim ersten Mal einen Abschluss zu initiieren, ohne dass ich eine Beziehung zu der Person habe, ist dies extrem schwierig und führt häufig zur Frustration für beide oder zu einem schlechten Eindruck. Wenn die Beziehung keinen Einfluss auf den Verkauf hat, dann handelt es sich um Direktverkauf. Wenn eine Person in eine Bäckerei kommt und drei Brezeln will, ist kein Beziehungsaufbau notwendig. Der Kunde weiß, was er will und will kaufen. Deshalb haben Netzwerken und Direktverkauf nur sehr wenig miteinander zu tun.

In den Trainings, in denen wir unsere Mitglieder ausbilden und unterstützen, sprechen wir von der Vertrauenskurve. Diese ist über eine Zeitachse aufgebaut und entwickelt sich mit zunehmender Dauer. In unserem Buch „Networking like a Pro" haben wir dies noch detaillierter dargestellt. Hier haben wir die Vertrauenskurve in Abhängigkeit von der Dienstleistung dargestellt (Florist, Zahnarzt, Steuerberater, Maler, IT-Dienstleister usw.). Dabei wird es offensichtlich, dass die Zeitdauer und damit die Vertrauenskurve für einen Floristen eine andere und damit kürzer ist als für einen Steuerberater. Und so ist es eben in dem ganzen Netzwerk-Prozess. Sie fragen nach der Empfehlung, wenn das Vertrauen und die Glaubwürdigkeit da sind. Wenn Sie nun empfohlen wurden und durch diese Empfehlung Ihr Produkt oder Ihre Dienstleistung vorstellen dürfen, dann eben nur, weil Ihnen der Empfehlungsgeber vertraut und Sie für ihn glaubwürdig erscheinen.

Nun sind Sie beim Kundentermin, stellen sich und Ihre Dienstleistung vor. Und genau jetzt ist es Direktverkauf: Sie präsentieren sich, zeigen was Ihr Produkt kann, was es kostet, was es für Optionen gibt etc. und fragen, ob der Kunde kaufen will oder nicht. Das ist Verkauf, das ist nicht Netzwerken.

GUNTHER T. VERLEGER: Ich stelle Ihnen nun eine direkte Frage für BNI: Wenn nun ein Gast zu einem Treffen kommt, machen wir dann am Frühstück den Direktverkauf?

DR. IVAN MISNER: Häufig wenn ein Besucher zu einem Treffen kommt, ist ihm dies empfohlen worden. Also ist der Punkt bis zum Frühstück der Empfehlungsprozess. Denn der Gast hat von jemandem gehört, dass dies interessant sein könnte. Wenn der Besucher nun da ist, ist es nichts anderes, als wenn ein Autoverkäufer einem Kunden, der in sein Autohaus kommt, ein Fahrzeug präsentiert – also eine Verkaufspräsentation macht. Das Chapter präsentiert das Produkt BNI und die Dienstleistung, die damit verbunden ist, also wie es abläuft, wie es funktioniert, was möglich ist. Damit ist das Treffen an sich die Verkaufspräsentation auf Basis einer Empfehlung.

Geht ein Unternehmer beim Netzwerken zu aggressiv vor, schadet das seinem Ruf. Fragt ein Unternehmer in einer Verkaufssituation nicht nach dem Abschluss, ist das ebenso negativ für seinen Ruf. Denn wenn ein Verkäufer nicht verkauft, hat er seine Berufung verfehlt.

Wolfgang Grupp hat in seiner Unternehmerlaufbahn auch klare Erkenntnisse für den Ruf im Verkauf gewonnen, die zu signifikanten Änderungen geführt haben:

JÜRGEN LINSENMAIER: Sie haben von klassischen Vertriebskanälen, wie den Versand- und Kaufhäusern oder danach den SB-Kunden und später den Discountern, umgestellt auf Eigenvertrieb, nämlich die TRIGEMA-Testgeschäfte. Was hat Sie dazu bewogen?

WOLFGANG GRUPP: Wenn Sie in einem bedarfsgedeckten Markt weiterhin existent bleiben wollen, muss man rechtzeitig erkennen, dass der Produzent auch ein Teil der Handelsfunktion übernehmen muss und somit direkt am Verbraucher ist, um nicht in totale Abhängigkeit einzelner Kunden zu kommen! Neben den Testgeschäften haben wir auch einen Online-Shop. Nachdem unsere Großkunden im Prinzip ihrer Aufgabe die in Deutschland produzierten Güter an den Verbraucher weiterzugeben nicht mehr nachkamen, war ich gezwungen diese Aufgabe zum Teil selbst zu übernehmen! Die Textilproduktion in Deutschland ist nicht kaputt gegangen, weil alle Unternehmer unfähig gewesen wären, sondern weil eben unsere Kunden wie Kaufhaus- und Versand-hauskönige den Wandel der Zeit nicht erkannt und immer mehr auf billig gesetzt haben und dann selbst mit wenigen Ausnahmen vom Markt verschwunden sind. Die großen Kaufhäuser, die ursprünglich am Puls des Kunden waren, hätten erkennen müssen, dass durch Motorisierung bzw. den technischen Fortschritt (Kühl- und Gefrierschrank) das Einkaufsverhalten sich ändert. Man brauchte nicht mehr täglich mit Füßen oder Fahrrad seinen Bedarf in den Innenstädten einkaufen, sondern man deckte sich einmal im Monat oder einmal in der Woche großzügig mit dem Auto ein und dazu brauchte man Parkplätze und Großflächen auf der grünen Wiese. Dies hätten die Kaufhauskönige rechtzeitig erkennen müssen, dann wäre ihnen der Niedergang sicher erspart geblieben!

In unseren Testgeschäften verkaufen wir zum Original-Händlereinkaufspreis direkt an den Endverbraucher. Wir machen zwar damit den klassischen Händlern schärfste Konkurrenz, weil dieser zum gleichen Preis einkaufen und dann kalkulieren muss, aber wir erkennen gleichzeitig durch den niedrigen Verkaufspreis, was am Markt gut läuft und können uns dann auf diese Produkte spezialisieren und sie innerhalb von 24 Stunden an unsere Kunden liefern. Deshalb nennen wir auch unsere Geschäfte sogenannte Testgeschäfte!

JÜRGEN LINSENMAIER: Produzieren Sie denn Eigenmarken für Kunden?

WOLFGANG GRUPP: Das hängt davon ab, ob der Kunde bereit ist, für unsere Produktion auch den Preis zu bezahlen. Die meisten möchten aber dann, wenn sie Made in Germany kaufen und den Preis bezahlen, auch unsere Marke TRIGEMA herausstellen, damit z. B. ihre Mitarbeiter oder Kunden sehen, dass es sich hier um Made in Germany handelt.

Praktisch alle die bei uns Corporate Identity Produkte kaufen, haben keine Eigenmarke, sondern wollen unser TRIGEMA-Produkt mit unserem Einnäh-etikett.

**Meine Gedanken/Anregungen/Ideen/Erkenntnisse
zur Verbesserung des Rufes im Bereich Verkauf:**

Führung:
Kommen Ihre Mitarbeiter morgens um neun?

Sie sind Geschäftsführer eines Unternehmens? Sie sind in einer führenden Rolle eines Konzerns? Sie haben die Leitung eines Projekts, in dem mit mehreren Menschen interagiert wird? Dann haben *SIE* es ganz klar in der Hand, den Ruf Ihres Unternehmens, Ihrer Abteilung oder Ihres Projekts zu beeinflussen. Sie glauben das nicht, weil es schließlich nicht *SIE* selbst sind, der die Arbeit ausführt, sondern Ihre Mitarbeiter? Das ist genau der Punkt. *Ihr* Führungsstil, *Ihre* Führungskompetenz und *Ihre* Führungsstärke beeinflussen ganz entscheidend, wie Ihre Mitarbeiter oder Ihre Projektmitverantwortlichen beim Kunden wahrgenommen werden. Auch wenn Sie den Kunden niemals persönlich treffen, niemals persönlich mit ihm kommunizieren – *Ihre* Führung wird sich auf den Ruf sehr stark auswirken! Bevor wir auf die praktischen Details schauen – hier ein paar Sprichworte und Redewendungen, die Ihnen vielleicht geläufig sind:

- Wie der Herr so's G'scherr.
- Der Fisch beginnt am Kopf zu stinken.
- Sie sind der Durchschnitt der fünf Menschen, mit denen Sie sich die meiste Zeit umgegeben.
- Führen heißt dienen (to lead means to serve).
- Wenn *„die da oben"* sich das erlauben können, kann ich das ja wohl auch.
- Projekte und Unternehmen, die scheitern, scheitern sehr häufig, weil es *keine* klare Führung und *keine* klaren Entscheidungen der Führungsmannschaft gibt.
- Ohne Führung, keine Richtung, ohne Richtung keine Ergebnisse.
- Egal wie der Wind weht und wie stark er Ihnen entgegen kommt, mit der richtigen Führung (dem richtigen Stellen der Segel) kommt die Mannschaft immer ans Ziel.
- Welches Unternehmen kennen Sie, das einen tollen Ruf hat *ohne* Führungspersönlichkeit?
- Welches Unternehmen kennen Sie, das einen bescheidenen Ruf hat *und* eine Führungspersönlichkeit?
- Die Worte *„führen"* und *„Führung"* sind in Deutschland aus der Historie heraus negativ belegt. Aus diesem Grund ist es für Sie höchste Zeit, dies in Ihrem Unternehmen zu ändern und diese Begriffe erneut mit positiven Assoziationen zu verbinden.

- So wie Sie als Führungskraft mit Ihren Mitarbeitern kommunizieren, kommunizieren Ihre Mitarbeiter mit Ihren Kunden.
- …

Diese Liste könnte beliebig weitergeführt werden. Wie können Sie als Unternehmer oder als verantwortliche Führungskraft Ihre Reputation durch vorbildliche Führung verbessern?

Werden Sie für Ihre Ergebnisse, Ihren Stil und Ihr Handeln bewundert?

Eine Fußballmannschaft hat immer einen Spielführer – auch Kapitän genannt. Von seiner Stärke und seinen Führungsqualitäten hängt sehr stark das Ergebnis ab. Er kann nicht alles beeinflussen, nicht alles entscheiden, doch er hat definitiv als Vorbild zu handeln und zu agieren. Er muss nicht der beste Stürmer sein, doch er muss wissen, was ein Stürmer braucht, um erfolgreich zu werden, also Tore zu schießen. Er muss delegieren können, das bedeutet Pässe schlagen, die andere zum Abschluss bringen. In kritischen Situationen muss er selbst aktiv werden, ob in der Verteidigung oder im Angriff. Läuft etwas schief, muss er auch den Mut haben, dies unter Umständen auch lautstark an sein Team zu kommunizieren. Ich meine jetzt nicht, dass Sie wie Oliver Kahn brüllend und wild gestikulierend durch Ihr Unternehmen rennen sollen, wenn etwas misslungen ist. Versäumen Sie in diesem Fall eine klare Aussprache mit den Betroffenen, hat das nichts mit den Betroffenen sondern mit Ihrer fehlenden Führungskompetenz zu tun. Fakt ist: Wenn Sie Ihren Ruf stärken oder sogar verbessern wollen, ist entscheidend, wie souverän Sie als Führungskraft und als Vorbild agieren, damit sich Ihre Mannschaft danach richten kann. Mitarbeiter und Teammitglieder werden zur Bestform auflaufen, wenn sie ihren direkten Vorgesetzten respektieren, seine Kompetenz schätzen und darauf vertrauen, dass er auch in harten Zeiten den Überblick behält.

Ist es Ihnen egal, was passiert?

Im Englischen gibt es ein Sprichwort „*People are silently begging to be led*". Frei übersetzt bedeutet das, dass Menschen eigentlich geführt werden wollen, dass sie wollen, dass ihnen Entscheidungen abgenommen werden. Dies gilt sowohl für Ihre Kunden als auch für Ihre Mitarbeiter. Es ist wichtig, dass beide wissen, was sie erwarten können und wo die Grenzen sind. Ganz sicherlich geht es nicht darum,

Ihre Mitarbeiter oder Ihre Kunden zu schikanieren oder zu bevormunden. Es geht darum, ihnen klar aufzuzeigen, was möglich ist und was nicht. Welche Freiheiten haben die Mitarbeiter in Ihrem Unternehmen?

Können sie beispielsweise *„kommen und gehen, wann sie wollen"*, sofern das Projekt der Kunden nicht beeinträchtigt wird? Klaus Kobjoll vom Hotel Schindlerhof ist hier sehr klar: *„Der Kunde bestimmt, wann Feierabend ist"*. Einer meiner Freunde hat in Ludwigsburg eines der ersten Subway-Sandwich-Restaurants eröffnet. Das schwierigste für ihn waren die Öffnungszeiten, die sich auf 104 Stunden pro Woche belaufen. Nein, nicht wegen seiner Arbeitszeit, sondern weil er für diese vielen Stunden gutes Personal finden musste. Er hat mir folgendes Erlebnis berichtet: Eines Abends kam um 21.50 Uhr, also zehn Minuten vor Schluss, ein Kunde zur Tür herein und wollte noch ein Sandwich bestellen. Der Mitarbeiter antwortete: *„Tut mir leid, wir schließen in 10 Minuten ... "*. Er hat damit den Gast quasi hinausgeworfen und höchstwahrscheinlich für immer vergrault. Mein Freund hat dieses Gespräch aus seinem Büro heraus zufällig verfolgt, konnte aber nicht mehr eingreifen. Nachdem der Kunde gegangen war, hat er seinen Mitarbeiter gefragt, was sich dieser bei dieser Aktion gedacht habe. Der meinte, das seien doch nur fünf oder sechs Euro Umsatz gewesen, das mache doch nichts aus. Mein Freund antwortete ihm: *„Gut, wenn das nichts ausmacht, macht es dir bestimmt auch nichts aus, wenn ich dir diesen Betrag von deinem Lohn abziehe!"* Für den Mitarbeiter mit einem Stundenlohn von rund zehn Euro waren das extrem teure zehn Minuten. Auch wenn es *„nur"* ein paar Euro in diesem Fall waren, man weiß nicht, welcher potentielle Folgeumsatz durch diese Aussage verloren gegangen ist.

Manche Unternehmen erhalten Aufträge nur noch, wenn ihr Unternehmen nach DIN ISO xyz zertifiziert ist. Verstehen Sie mich nicht falsch: Ich selbst bin ein großer Freund von Prozessen, Abläufen und Dokumentationen. Es gibt aber auch Führungskräfte, die nichts anderes mehr im Kopf haben. Wer kontrolliert eigentlich, ob alles, was in den Ordnern dokumentiert wurde, auch in der Praxis umgesetzt wird? Hier unterscheidet sich die Führung, die sich positiv auf die Reputation auswirkt von der, die sich in der Abkürzung ISO = **I**dioten **s**ammeln **O**rdner manifestiert! Denken Sie daran, Papier ist geduld-ig und Sie als Führungskraft entscheiden, was geduld-et wird. Nur weil es irgendwo geschrieben steht, heißt es noch lange nicht, dass es sich positiv auf Ihren Ruf auswirkt.

Als gute Führungskraft sorgen Sie dafür, dass Ihre Mitarbeiter

- das Warum einer Sache oder eines Ablaufes verstehen.
- eine Entscheidung treffen können und dürfen, wenn die Umstände es verlangen und es aus Kundensicht angemessen ist.
- wissen, dass Sie Ihnen vertrauen können und zutrauen, kompetent zu handeln. Können Sie sich vorstellen, wie ein Kunde auf die Aussage „ ... *es tut mir leid, aber das ist unsere Unternehmens-policy ...* " reagiert? Es ist ihm schlichtweg gleichgültig.
- sich in unklaren Situationen die Frage stellen: „ *Was würde mein Chef jetzt tun?* " und dann danach handeln, auch wenn Sie nicht anwesend sind – auch wenn er/sie selbst lieber einen anderen oder bequemeren Weg gewählt hätte.

Welche Führungsphilosophie verfolgt Daniel Stock in einem Fünf-Sterne-Hotel mit über 100 Mitarbeitern?

GUNTHER T. VERLEGER: Was mir in Ihrem Haus aufgefallen ist: Ihre Mitarbeiter sind durchweg top, ob Hermann, der in der Sauna den Aufguss zelebriert oder das Servicepersonal im Restaurant. Welchen Führungsansatz verfolgen Sie, um dies zu erreichen – oder bringen die Absolventen einer Hotelfachschule diese Kenntnis bereits mit?

DANIEL STOCK: Ich glaube, die richtige Schule beginnt erst hier. Die Praxis, die Lebensschule. Wie die Dienstleistungsmentalität, die Herzlichkeit und der Ruf, gehört auch die Führung zu den Grundlagen, die meine Eltern geschaffen haben. Wir sind bedacht, den Mitarbeiter genauso zu verwöhnen und zu betreuen, wie einen Gast. Wir sind eine große Familie und wir sind auf einer Ebene. Deshalb bevorzugen wir auch den Begriff Mitarbeiter und nicht Personal oder Angestellte. Ich muss mich auch um die kleinen Probleme meiner Mitarbeiter kümmern, denn diese können seine Leistungen beeinträchtigen und damit wieder auf mich zurückfallen, wenn ich sie nicht rechtzeitig erkenne. Meine Mitarbeiter kommen auch mit ihren familiären Problemen zu mir. Manchmal kann ich ihnen raten, manchmal lerne ich selbst noch dabei. Gerade in der Gastronomie ist dies ein sensibles und komplexes Thema, weil die Mitarbeiter noch sehr jung sind. Ich muss dann entscheiden, ob ich sie mit Samthandschuhen anfasse, die Zügel locker lasse oder auch einmal enger ziehe, ob ich ein Auge zudrücke oder strenger durchgreife. Wichtig ist es, Ziele zu geben. Ob ich Vorbild, Freund oder Bruder bin, hängt vom individuellen Mitarbeiter ab. Ebenso wichtig ist es, das Talent bei jedem Einzelnen zu fördern.

GUNTHER T. VERLEGER: Ist Ihr Büro mit seiner Glaswand ein Zeichen für Ihren Führungsstil? Ist es bewusst so gemacht, dass man Sie sehen, zu Ihnen hereinsehen kann? Manche Geschäftsführungen befinden sich hinter hermetisch verschlossenen Türen. Bei Ihnen kann jeder vorbeilaufen und reinschauen.

DANIEL STOCK: Ich glaube schon. Ich bin ein offener Mensch und will gar keine Besuchszeiten für Mitarbeiter einführen. Wenn ein Mitarbeiter zu mir will, dann soll er zu mir kommen können, ausgenommen natürlich, wenn ich telefoniere oder ein Gespräch habe. Aber ich möchte ihm nicht sagen: „Kommen Sie am Montag um 10 Uhr, dann besprechen wir Ihre Angelegenheit.“ Ein Mitarbeiter soll sein Problem oder auch seine Freude sofort loswerden. Einen Mitarbeiter muss ich loben, wenn es vom Gefühl her passt und nicht vom Termin.

GUNTHER T. VERLEGER: Hier in Ihrem Büro sehen wir sehr viel Weiterbildungsliteratur. Was finden Sie in diesen Büchern, das Sie auf Ihren Führungsstil übertragen können?

DANIEL STOCK: Ein Buch zu lesen ist immer sinnvoll, doch kommt es nicht darauf an, was im Buch steht, sondern was ich aus dem Buch heraushole. Und genauso ist es mit den Mitarbeitern: Was steckt in ihnen, was kann ich aus ihnen rausholen, dass sie sich in ihrer Berufung noch besser verwirklichen können – vielleicht ist es etwas, was sie noch gar nicht wissen.
Eine weise Dame hat zu mir einmal gesagt: Daniel, du bist ein hektischer, gestresster Unternehmer mit wenig Zeit. Aber, denk dir bei jedem Mitarbeiter, der mit dir spricht, es könnte die Stimme Gottes sein, die dir etwas Besonderes mitteilen möchte. Und konzentriere dich auf den Mitarbeiter, gib ihm deine Aufmerksamkeit, höre ihm zu, lasse ihn ausreden und gebe ihm das Gefühl, dass du in diesen zwei oder drei Minuten nur für ihn da bist – ohne Ablenkung, ohne reinzureden, ohne gestresst zu sein, ohne Telefon. Und höre hin – weil wer weiß, ob zwischen den Zeilen nicht etwas herauskommt, das dir wiederum viel Zeit erspart und dich weiterbringt. Diesen Ansatz beherzige ich so gut es geht.

Natürlich müssen Sie auch führen können, wenn Sie weit weniger oder auch weit mehr Mitarbeiter in Ihrem Unternehmen haben. Was sagen Wolfgang Grupp und Dr. Claus Hipp dazu:

JÜRGEN LINSENMAIER: Herr Dr. Hipp, wie hoch ist der Stellenwert für das Thema „Ruf, Reputation, Ansehen" bei Ihren Mitarbeitern?

PROF. DR. CLAUS HIPP: Schulung und die richtige Führung unserer Mitarbeiter sind essentiell. Wir müssen unsere Mitarbeiter schulen und fordern, dass Sie bei diesen Themen so denken und handeln wie wir und wir alle die gleiche Richtung vertreten.

GUNTHER T. VERLEGER: Nun gut, doch bei über 2 000 Mitarbeitern ist es nicht so einfach, dass die Gedanken der Geschäftsleitung auch auf den untersten Ebenen noch ankommen.

PROF. DR. CLAUS HIPP: Natürlich haben wir in dieser Firmengröße eine hierarchische Ordnung, also Vorgesetzte und Führungskräfte, die wiederum Vorgesetzte und Führungskräfte haben, bis wir bei der Geschäftsführung sind. Und hier muss es eben von oben nach unten kommuniziert und umgesetzt werden. Und erfolgreiches Umsetzen erfolgt in der Praxis nur durch stetige Kontrolle und Verifikation.

GUNTHER T. VERLEGER: Haben Sie aus diesem Grunde in Ihrer Ethik-Charta auch den Punkt, dass von den Mitarbeitern „Unternehmergeist" erwartet wird?

PROF. DR. CLAUS HIPP: Ja, das ist ganz wichtig. Denn man muss immer den unternehmerischen und kaufmännischen Aspekt bei seinen Handlungen berücksichtigen. Wenn wir dies von unseren Mitarbeitern nicht fordern würden, könnten wir keine nachhaltige Erfolgsgeschichte verzeichnen. Und für neue Mitarbeiter haben wir ein so genanntes Ethik-Management, damit jeder von Beginn an weiß, wie hier in unserem Unternehmen miteinander kommuniziert wird, was angebracht ist, wie mit „Versäumnissen" oder „Verstößen" in der Praxis umgegangen wird. Also ein Leitfaden, wie etwas umzusetzen ist. Jeder Mitarbeiter hat die freie Wahl, zu entscheiden, ob er sich in so einem Unternehmen einbringen möchte oder ob er lieber wo anders arbeiten will.

JÜRGEN LINSENMAIER: Klappt denn die Umsetzung der Ethik-Charta auch in der Praxis?

PROF. DR. CLAUS HIPP: Natürlich gibt es immer wieder eine Abweichung vom Niedergeschriebenen, zwischen Wunsch- und Istzustand. Doch wenn wir die Situation haben, dass ein Mitarbeiter sich ungerecht behandelt fühlt oder sogar gemobbt wird, hilft uns diese Niederschrift, dass jeder sich auf den Sollzustand berufen kann und dann entsprechende Maßnahmen abgeleitet werden. Wenn es nicht niedergeschrieben wäre, könnte es in diesen Situationen noch schwieriger werden. Wir haben hier Klarheit und Transparenz und kommunizieren mit einer deutlichen Sprache.

Nun der Standpunkt aus dem Interview mit Wolfgang Grupp:

JÜRGEN LINSENMAIER: Herr Grupp, Sie haben 1 200 Mitarbeiter zu führen. Wie wirkt sich der Ruf Ihrer Führung auf das Unternehmen aus?

WOLFGANG GRUPP: Bezüglich der Einstellung von Mitarbeitern habe ich eine sehr einfache und klare Vorstellung: Ich stelle einen Mitarbeiter ein, weil ich ihn für eine gewisse Arbeit brauche. Dieser Mitarbeiter bewirbt sich bei mir, weil er Arbeit leisten möchte und dafür entlohnt werden will. Meine Aufgabe ist es also, ihm Arbeit zu geben und seine Aufgabe ist es, Leistung zu bringen. Wenn beide ihre Pflicht erfüllen, haben wir kein Problem!

Alles was ich von meinen Mitarbeitern verlange, muss ich selbstverständlich auch vormachen! Wenn man damit sehr Verantwortungsvoll umgeht und in guten Zeiten nicht Größenwahnsinnig wird, ist eine Garantie des Arbeitsplatzes auch nicht so ganz schwierig! Deshalb habe ich in meinen fast 45 Berufsjahren nie einen Mitarbeiter aus Arbeitsmangel gekündigt, nie eine Stunde kurz gearbeitet und stets den Kindern unserer Mitarbeiter nach der Schule, wenn sie es wünschten, einen Arbeitslatz garantiert.

Auch heute noch gilt bei uns, dass „Wort" was ich meinem Mitarbeiter versprochen habe, halte ich auch ein und erwarte das gleiche von meinen Mitarbeitern.

Es war früher gang und gäbe, dass man sich bei Absprachen die Hand gereicht hat und dann auch die Absprachen eingehalten hat. Heute müssen seitenlange Verträge ausgearbeitet werden, nur um alles abzudecken, was passieren könnte, wenn einer das was er zugesagt hat nicht einhält. Wir sollten wieder zurück zu den ehrbaren Kaufleuten kommen und das was zugesagt wurde, sollte auch eingehalten werden!

JÜRGEN LINSENMAIER: Liegt es daran, dass Deutschland in der Öffentlichkeit als Neidgesellschaft dargestellt wird?

WOLFGANG GRUPP: Wir sind keine Neidgesellschaft, wir sind eine Gerechtigkeitsgesellschaft. Die Menschen gönnen dem Leistungsträger auch das was er dafür verdient. Sie verstehen aber nicht, warum ein Leistungsträger, der keine Leistung sondern im Gegenteil Fehlleistung bringt, mit Millionen abgefunden wird, dies ist kein Neid, sondern dies ist ein Problem der Gerechtigkeit.

Wer also im Größenwahn und in der Gier Entscheidungen getroffen hat, die anschließend zu Millionen oder Milliarden Verlusten und zu Arbeitsplatzabbau führen, kann nicht mit Millionen abgefunden werden!

GUNTHER T. VERLEGER: Warum stehen die Mitarbeiter zu Ihnen?

WOLFGANG GRUPP: In der Zeit, in der ich die Firma aus den Roten Zahlen führen musste, habe ich sukzessive die Hausmarken, also die Unterwäsche für die Kaufhaus- und Versandhauskönige wie z. B. Karstadt, Quelle usw. aufgegeben und habe gleichzeitig die gleichen Produkte und zusätzlich das T-Shirt unter dem Namen TRIGEMA auf den Markt gebracht. In dieser Zeit mussten sich meine Mitarbeiter gänzlich umstellen; mehr Flexibilität zeigen und den gesamten Wandel mitgehen. Sie machten Überstunden, arbeiteten samstags und engagierten sich für die Firma voll.

Wenn Sie sich in meiner Verwaltung umsehen, so sehen sie keinen Mitarbeiter, in der Führungsetage, der nicht Lehrling im Hause war. Unsere Mitarbeiter sind heute genauso engagiert wie früher und solche Mitarbeiter kann ich nicht entlassen, nur weil ich im Prinzip den Wandel der Zeit nicht erkenne bzw. versage!
Unsere Mitarbeiter kommen auch alle aus der näheren Umgebung, weil ich weiß, dass die, die von weit her kämen, am Schluss auch bei uns nicht bleiben würden. Sind sie gut, kommen sie erst gar nicht und haben eine sichere Arbeitsstelle oder aber sie sind gut, dann kommen sie höchsten für eine kurze Zeit und wollen dann ihren Weg nach oben bei anderen Firmen fortsetzen.

Wir brauchen aber eine gewisse Konstanz und deshalb haben wir die Mitarbeiter aus unserem Umfeld, die bei uns lernen und dann auch bei uns bleiben! Deshalb ist für uns Ausbildung auch ganz wichtig, da wir wissen, wenn wir selbst nicht ausbilden, wir auch keine guten Mitarbeiter haben können, denn ein anderer würde uns nur die, die er selbst nicht gebrauchen kann, weiterreichen!

Hartmut Jenner, Vorsitzender der Geschäftsführung der Alfred Kärcher GmbH & Co. KG, hat es innerhalb der letzten Jahre geschafft, Kärcher als Marke so weiterzuentwickeln und so zu positionieren, dass Reinigung nicht mehr mit *„Schmutz und schmuddelig"* sondern mit *„Hygiene und Sauberkeit"* assoziiert wird. Zum Thema Führung hat er eine klare Vorstellung:

GUNTHER T. VERLEGER: Herr Jenner, Sie beschäftigen 9 450 Mitarbeiter und sind in jedem Land der Erde mit Ihren Produkten vertreten – was begeistert Sie am meisten an Ihrem Unternehmen?

HARTMUT JENNER: Die Menschen.

GUNTHER T. VERLEGER: Unterscheiden Sie da zwischen den Menschen, die in Ihrem Unternehmen arbeiten oder gilt dies auch für Ihre Lieferanten und Kunden?

HARTMUT JENNER: Letztere sind natürlich auch wichtig für mich, doch in erster Instanz sind es die Menschen bei Kärcher, die mich begeistern. Denn meine primäre Aufgabe als Geschäftsführer ist es, für diese Menschen zu sorgen, ihren Arbeitsplatz zu sichern und sie damit „in Lohn und Brot" zu halten.

JÜRGEN LINSENMAIER: Wenn Ihnen dies so wichtig ist, bekommen dies Ihre Mitarbeiter auch von Ihnen zu spüren, geben Sie ihnen etwas zurück?

HARTMUT JENNER: Das müssen Sie die Mitarbeiter bei Kärcher fragen. Denn meine Aussage wäre rein subjektiv. Allerdings messen wir die Zufriedenheit unserer Mitarbeiter in Bezug auf das Unternehmen und in Bezug auf die Arbeit der Geschäftsführung. Dazu führen wir immer wieder Mitarbeiterbefragungen durch. Die letzte anonyme Vollbefragung hat ergeben, dass 91 Prozent der Mitarbeiter mit dem Unternehmen und 97 Prozent mit der Arbeit der Geschäftsführung zufrieden sind. Daraus können wir ableiten, dass die Menschen in unserem Unternehmen spüren, dass sie uns wichtig sind.

JÜRGEN LINSENMAIER: Das sind tolle Ergebnisse – es wäre schön, wenn mehr Unternehmen solche Ergebnisse vorlegen könnten.

HARTMUT JENNER: Diese Ergebnisse sind natürlich keine absoluten Werte, sondern sind als Indikation zu betrachten. Meine Aufgabe ist es auch nicht, dass ich jeden zu 100 Prozent zufriedenstelle, sondern die Mitarbeiter zu fordern und zu Leistung anzuspornen. Dies kann natürlich für den einen oder anderen auch einmal unangenehm sein – doch zu meiner Verantwortung gehört es, manchmal unbequem zu sein.

GUNTHER T. VERLEGER: Wie entscheidend ist hier, dass Sie als Vorbild agieren?

HARTMUT JENNER: Als Hersteller von Reinigungsgeräten ist ein gepflegtes Auftreten ein Muss. Es mag banal klingen, doch auch bei uns ist es wichtig, dass auf Geschäftsführungsebene die Menschen in weißen Hemden präsent oder mit gereinigten Fahrzeugen unterwegs sind und „Sauberkeit" vermitteln.

Welche Bilder lösen Sie aus?

Wie viele Bücher gibt es zum Thema Motivation und Führung? Hunderte, Tausende? Welchen Einfluss haben diese Themen auf Ihren Ruf? Meine kryptische Antwort darauf: Großen und gleichzeitig überhaupt keinen. Was meine ich damit?

Sie haben ein klares Motiv für Ihr Unternehmen, Sie wissen genau, warum Sie etwas tun. Dieses Motiv beeinflusst die Art, wie Sie Ihre Mitarbeiter oder Ihr Team führen. Sie geben Ihren Mitarbeitern ein Bild, ein Motiv, nach dem Sie handeln sollen. Doch motivieren – das können Ihre Mitarbeiter nur sich selbst. Aus diesem Grund müssen Ihre Mitarbeiter selbst eine Antwort auf das *WARUM* haben. Ihre Mitarbeiter selbst müssen wissen,

- WARUM sie jeden Morgen ihren Job mit Begeisterung ausführen wollen,
- WARUM sie stolz sind, in Ihrem Unternehmen zu arbeiten,
- WARUM sie den Ruf verbessern wollen.

Wenn Ihre Mitarbeiter all dies nicht wissen, steht es sehr kritisch um den Ruf Ihres Unternehmens. Ich nenne Ihnen zwei Beispiele. Stellen Sie sich vor, Sie würden für ein Unternehmen in der Automobilbranche arbeiten, das seit Jahren seine Umsätze und Gewinne mit zweistelligen Wachstumsraten steigern konnte. Sie sind ein junger, dynamischer Mitarbeiter, der weiß, was er will und eine gewisse Leidenschaft für Autos entwickelt hat. Das Unternehmen, für das Sie arbeiten, ist geschätzt am Markt und verkörpert sehr viele Emotionen. Schnitt.

Stellen Sie sich ein Unternehmen vor, in dem die Führungskräfte und Geschäftsführer nicht zu ihrem Wort stehen und Zusagen nicht einhalten. Vorgesetzte in dieser Firma kümmert es kaum, wer ihre Mitarbeiter sind und was sie tun, sondern sie sehen immer nur sich selbst im Mittelpunkt und überlegen, wie sie noch besser am Stuhl des eigenen Vorgesetzten sägen können oder noch schneller die Leiter nach oben kommen – koste es, was es wolle. Schnitt.

Was haben diese beiden Beispiele miteinander zu tun? Es ist ein und dasselbe Unternehmen. Woher weiß ich das? Weil ich der Mitarbeiter war, das Produkt, meine eigene Leidenschaft dafür und mein Wille jedoch letztendlich nicht ausreichten, um mich zu begeistern, weil die Mitarbeiterführung menschlich so daneben war, dass sie nicht aufgewogen werden konnte. Die meisten meiner Kollegen hat das nicht gekümmert, denn für sie waren der Status, mit „*Lichtgeschwindigkeit*" über die Autobahn nach Hause fahren zu können und das Gefühl „*etwas Besonderes, etwas Besseres zu sein*", wichtiger, als der aufrichtige Umgang zwischen der Führungsebene und den Mitarbeitern. Klar bedeutet es nicht, dass dieses Unternehmen nicht dennoch erfolgreich war. Doch die große Mehrheit der Belegschaft war hinter dem Rücken der Führungskräfte nur am Maulen, Meckern, Lästern und unzufrieden mit allem, der Führung, dem Führungsstil, den Entscheidungen und dem Umgang miteinander. Zu welchen Ergebnissen könnte ein Unternehmen gelangen, wenn die Führung einen guten Ruf hätte und dadurch das Klima komplett anders wäre? Szenenwechsel.

Unser hanseatischer Gesprächspartner Andreas Bartmann betrachtet diesen Punkt nun einmal aus Kundensicht:

JÜRGEN LINSENMAIER: Nehmen Sie einmal die Position eines Kunden ein. Was würden Sie als Kunde von Unternehmen mit einem guten Ruf erwarten? Es sind bestimmt nicht nur tolle Lieferzeiten, die eine Rolle spielen, oder?

ANDREAS BARTMANN: Sehen Sie, wenn es um Professionalität geht, bin ich durchaus auch mit 80 Prozent zufrieden, weil ich weiß, dass 100 Prozent zu viele Ressourcen bindet und damit zu teuer wird. Wenn es aber um den Umgang mit den Mitarbeitern geht, schaue ich mir das schon sehr genau an. Gerade wenn es um andere Dienstleister oder Unternehmen geht, mit denen ich

Geschäfte machen will. Da achte ich nicht nur auf den Preis, da ist es mir sehr wichtig, wie man miteinander umgeht. Mein Geschäftsführerkollege Thomas und ich haben zu fortgeschrittener Stammtischrunde immer gesagt: Wir machen keine Geschäfte mit Arschlöchern. Sicherlich kann man mit denen auch Geschäfte machen, sogar ganz gute. Aber bei uns ist es immer wichtig, dass man Geschäfte mit Menschen macht, die gleiche Werte teilen. Und insoweit ist dieser Blick von der anderen Seite als Kunde auch immer wieder wichtig. Ich möchte mit Unternehmen eine Geschäftsbeziehung haben in dem ähnliche oder gleiche Werte gelebt werden, weil sich dann eine ganze Kette zusammenschließt und dies die Gesellschaft auch prägt.

Wer steht hin, wenn es eng wird?

Genießen Führungskräfte und Mitarbeiter, die Verantwortung übernehmen, einen anderen, besseren Ruf, als die Personen, die dies nicht tun? Wolfgang Grupp schildert uns seinen Standpunkt:

JÜRGEN LINSENMAIER: Ich habe letztens von einem Unternehmer gehört, dass kein Manager, keine Führungskraft, kein Inhaber mehr für das kleinste Detail in der Produktion Verantwortung übernehmen möchte.

WOLFGANG GRUPP: Ich habe die Verantwortung für alles. Ich sage öffentlich: Wenn Trigema irgendwann ein Problem hat und ich zu diesem Zeitpunkt diese Position noch inne habe, kann es nur einen Schuldigen geben und der bin ich!

JÜRGEN LINSENMAIER: Wie wirkt sich diese fehlende Bereitschaft, Verantwortung zu übernehmen, aus?

WOLFGANG GRUPP: Heute möchte keiner mehr für sein Handeln gerade stehen. Das Wirtschaftswunder ist geschaffen worden von persönlich haftenden Unternehmern, die für das was sie entschieden haben, auch persönlich gehaftet und geradegestanden sind. Heute werden große Entscheidungen getroffen, geht es gut, wird kassiert, geht es schlecht, wird der Bettel den anderen vor die Füße geworfen. Wir brauchen wieder die Haftung der Entscheidungsträger, deshalb habe ich meine Firma schon vor Jahren in eine Inh. W. Grupp e. K. gewandelt, demonstrativ um zu zeigen, dass bei TRIGEMA auch ich hinter allen meinen Entscheidungen persönlich mit meinem Privatvermögen stehe!

Was wird von Führungskräften erwartet, wenn es um den Schutz der Marke und die Verbesserung des Rufes geht. In der sehr fragmentierten Branche der Reinigung weiß Hartmut Jenner, was dies bedeutet:

GUNTHER T. VERLEGER: Die Firma Kärcher kommt aus dem Schwäbischen. Können Sie Ihren schwäbischen guten Ruf auch in die anderen Länder transportieren?

HARTMUT JENNER: Das ist natürlich eine Herausforderung, doch Klarheit und Konsequenz sind hier elementar wichtig, da der Gründer und der Name Kärcher hinter der Marke und hinter dem Ruf stehen. Hier müssen wir wachsam sein und von Anfang an global denken. Nicht nur für Deutschland – das wäre einfach. Wir sind in jedem Land der Erde tätig. Nun müssen wir dafür Sorge tragen, dass auch in den entferntesten und kleinsten Ländern die Bedingungen und Anforderungen der Marke erfüllt werden. Oftmals sind das freie Handelspartner, die rechtlich selbstständig sind. In einem Land wurden beispielsweise Produkte in Rot anstatt Gelb an den Kunden geliefert – warum? Angeblich weil es der Kunde so wollte. Hier gilt es, sofort klare Grenzen zu ziehen.

Kärcher ist eine starke Marke und wertebasiertes Unternehmen – dies steht im Mittelpunkt und daraus entwickeln sich die Marke und der Ruf.

Feiern Sie Fortschritte?

Was ist das richtige Maß, um als Führungskraft Anerkennung auszusprechen? Warum ist das überhaupt wichtig, damit sich Ihr Ruf verbessert?

Im Buch „First Break All the Rules" von Marcus Buckingham hat eine Studie ergeben, dass 80 Prozent der Personen, die kündigen, das Unternehmen wegen ihres direkten Vorgesetzten verlassen. Das soll nun natürlich nicht heißen, dass bei diesen 80 Prozent *„falsch"* mit der Anerkennung umgegangen wurde. Doch ein Großteil hat hier nicht das richtige Maß gefunden. Da ich nun seit 2002 wieder im Schwabenland lebe, kommt mir der Spruch *„nicht gescholten, ist genug gelobt"* oder im Original *„ned g'schompfa isch g'lobt g'nug"* sehr häufig zu Ohren. Ob nun Schwabenland oder nicht, haben Sie sich schon Gedanken darüber gemacht, was in einem Menschen vorgeht, dem Sie Ihre Wertschätzung aussprechen – egal, ob im stillen Kämmerlein oder vor Publikum? Ihr Team und Ihre Mitarbeiter werden anders über Sie denken und reden, wenn Sie ihnen aufrichtig und nicht zu selten Ihre Anerkennung zeigen.

Mag sein, dass es Sie nicht interessiert, was Ihre Mitarbeiter über Sie denken, sondern dass Sie der Ansicht sind, die sollen einfach ihren Job machen. Auch eine mögliche Variante. Aber – glauben Sie wirklich, dass Ihre Mitarbeiter ihren Job nicht mit einer anderen Qualität, in einem anderen Tempo und mit einer anderen Begeisterung ausüben, wenn das Verhältnis zu Ihnen stimmt? Glauben Sie wirklich, dass Ihre Mitarbeiter kein Leben außerhalb Ihres Unternehmens haben und dort über Ihren Umgangsstil kommunizieren? Glauben Sie, es sei besser, wenn Ihre Mitarbeiter in ihrem Freundes- oder Familienkreis erzählen *„Mein Chef ist voll cool, der hat es echt drauf... Heute war es echt super, weil sich meine Chefin total über meine Ideen gefreut hat ... Ich gehe wirklich gerne zur Arbeit, denn meine Vorgesetze sieht und honoriert es, wenn ich mich richtig ins Zeug lege ...“*? Oder ist es besser wenn in den Neuen Medien Aussagen kursieren wie *„Ich bin hier so oder so bald weg... Hier kann wirklich jeder machen, was er will... Ich reiß' mir hier den Hintern auf und keinen kümmert's ...“*.

Es gibt aber auch das andere Extrem und dieses habe ich in den drei Jahren erlebt, die ich in den USA verbracht habe: Da wurde immer und alles in den Himmel gelobt. Das muss nicht sein, denn meist wirkt es dann auch nicht mehr authentisch. Da die meisten unserer Leser aus dem europäischen Kulturkreis kommen, bin ich mir sicher, dass Sie Verständnis haben, wenn ich hier nicht weiter darauf eingehe. Kurz: Finden Sie den goldenen Mittelweg als Führungskraft, damit Sie Ihre Mitarbeiter regelmäßig loben. Dies hat in erster Instanz nichts mit monetären Elementen zu tun. Hier ein paar Anregungen:

- Prüfen Sie wöchentlich, zweiwöchentlich oder monatlich welche außergewöhnlichen Leistungen erbracht wurden. Und dann sprechen Sie darüber, auch mit der Begründung, weshalb Sie dies als so anerkennenswert empfinden.
- Schreiben Sie für einen besonderen Erfolg eine Karte und stellen Sie diese an den PC, den Werkzeugkoffer oder die sonstige Arbeitsumgebung des Mitarbeiters.
- Laden Sie Ihr Team zum Eis, zum Essen, zum Drink ein – das kann auch einmal grundlos, aus einer guten Laune heraus, passieren. Wenn Sie aber immer die Drinks oder das Essen zahlen, ist es irgendwann selbstverständlich und nichts Besonderes mehr.
- Wenn sich die Gelegenheit ergibt, sprechen Sie ruhig mit den Lebenspartnern Ihrer Mitarbeiter und sagen Sie ihnen, was Sie besonders an ihnen schätzen. (Achtung: Sie sollten in diesem Fall sicher sein, dass das Verhältnis zwischen Ihrem Mitarbeiter und seinem Lebenspartner ungetrübt ist. Ansonsten könnten Sie schnell ins Fettnäpfchen treten).

- Interessieren Sie sich für Ihre Mitarbeiter. Fragen Sie sie, was Ihnen im Leben wichtig ist und wie Sie sie dabei unterstützen können, dieses Ziel zu erreichen.
- Es bricht Ihnen kein Zacken aus der Krone, wenn Sie selbst einmal den Kaffee kochen oder die Brötchen kaufen gehen. Dienen ist nichts Ehrenrühriges. Wenn Sie Ihren Mitarbeitern durch einen Betriebsausflug Anerkennung schenken möchten, integrieren Sie sie auf jeden Fall in die Vorbereitung. Gehen Sie nicht einfach von Ihren eigenen Vorlieben aus und machen Sie keine Annahmen. Wenn Sie sich fürs Raften entscheiden, aber die Mehrheit des Teams sich dann als wasserscheu herausstellt, ist der Teambuilding-Effekt eher gering. Ich wollte das Engagement meiner Mitarbeiterinnen belohnen und habe sie deshalb direkt gefragt, was ihnen eine Freude bereiten würde. Das Ergebnis war eine Zugfahrt von Stuttgart nach Paris (dank der schnellen TGV-Verbindung morgens hin – abends zurück). Ich selbst wäre niemals auf diese Idee gekommen, aber so genoss ich einen tollen Tag mit vier glücklichen Frauen in Paris – wer kann das als Chef schon behaupten... ☺.
- Schenken Sie Blumen oder stellen Sie einen Strauß im Büro auf – mit dem Hinweis *„Für meine besten Mitarbeiter"*.
- Schenken Sie Hitzefrei – sofern es die Situation zulässt.
- Integrieren Sie die familiäre Situation in die Anerkennung (ein Abendessen mit dem Lebenspartner, einen Babysitter und einen Kinogutschein etc.).

Führung hat viel mit Kommunikation zu tun, mit der Art und Weise wie Themen angesprochen werden. Unserer Auszubildenden geben wir eine ganz einfache Regel mit, auch wenn sie noch keine Führungsverantwortung hat: *„Wenn du eine Lösung willst, greif zum Telefonhörer oder sprich die Person direkt an. Wenn du ein Problem verschieben, vertragen, aussitzen oder verschärfen willst, sende eine E-Mail"*. Natürlich können Sie als Führungskraft nicht alles mit jedem persönlich besprechen. Führen Sie eine Woche lang das folgende Experiment durch: Notieren Sie sich, wie häufig Sie über welchen Kanal in Kommunikation mit Ihren Mitarbeitern treten und welche Auswirkungen dies auf das *Ergebnis* hat. Sie werden staunen, was man über den direkten Dialog alles bewegen kann und wie davon auch die Reputation profitiert!

Gehen Sie als gutes Beispiel voran, kommen Sie Ihrer Kontrollpflicht nach, klären Sie die Motive Ihrer Mitarbeiter und schenken Sie ihnen Ihre Wertschätzung für alles, was Sie besonders gut machen. Wenn Sie glauben, dass dies nicht möglich ist, wird es Zeit, in den Spiegel zu schauen. Denn Sie haben immer die

Mitarbeiter, die Sie energetisch anziehen – man kann auch sagen, die Sie verdient haben.

Die Firma Kärcher hat hier offensichtlich bereits ein ziemlich gutes Level erreicht:

GUNTHER T. VERLEGER: Der Wert eines Unternehmens ist aus Sicht der Geschäftsführung natürlich wichtig. Wie sehen die Mitarbeiter in Ihrem Haus das Unternehmen, den Wert und den Ruf?

HARTMUT JENNER: Sie sind stolz auf das Unternehmen. Wenn Mitarbeiter in ihrem Umfeld gefragt werden „Wo arbeiten Sie?“ dann sagen diese mit Stolz „bei Kärcher“. Denn Kärcher kennt man, Kärcher hat sich in unserer Branche herauskristallisiert wie ein Leuchtturm, der Orientierung bietet. Für die Menschen ist es wichtig, bei einem Unternehmen zu arbeiten, mit dem sie sich identifizieren können. Mitarbeiter, Kunden und Lieferanten kommen gerne zu uns. Weil wir viel in die Weiterentwicklung investieren, weil wir immer top sein wollen. Doch dies gelingt nur, wenn jeder bereit ist, das Leistungsversprechen der Marke zu erfüllen.

Ob das Thema „*Stolz*“ auch in Norddeutschland zählt, berichtet uns Andreas Bartmann:

JÜRGEN LINSENMAIER: Anerkennung für das Unternehmen und die Mitarbeiter ist ein wichtiger Punkt – und zwar auf der einen Seite aus Sicht der Geschäftsleitung, auf der anderen Seite aus der der Mitarbeiter. Wie ist dies bei Globetrotter?

ANDREAS BARTMANN: In der heutigen Zeit ist dies enorm wichtig. Durch den demografischen Wandel und die Problematik der Fachkräftebündelung besitzen die Mitarbeiteridentifikation und der Stolz auf sein Unternehmen einen sehr hohen Stellenwert. In unserer Branche haben wir sehr hohe Abwanderungstendenzen, auch weil genügend Akteure am Markt sind, die Leute abwerben. An diesem Punkt merkt man schon, dass wir sehr viele exzellente Leute im Unternehmen haben, die nicht unbedingt nur wegen des Geldes hier arbeiten. Sie würden woanders vielleicht sogar mehr Geld verdienen, lassen sich aber nicht kaufen, weil sie stolz sind, Teil unserer Struktur zu sein. Und das ist natürlich auch eine Form der Qualität der Arbeit. Man ist stolz auf sein Unternehmen. Meiner Meinung nach kann man ein

Unternehmen weiter bringen, wenn man durchschnittlichen Mitarbeitern eine Chance gibt, die sich dann sehr stark einbringen und mit dem Unternehmen identifizieren. Mit Überfliegern, die aber nur für sich alleine arbeiten, erreicht man meist nicht so viel.

GUNTHER T. VERLEGER: Das merkt dann letztlich auch der Kunde, wenn er mit Menschen zu tun hat, die einfach auch mit Herzblut, Leidenschaft und mit einem ganz anderem Engagement zur Arbeit gehen, oder?

ANDREAS BARTMANN: Klar – sie tragen den Stolz nach außen, was wiederum einen positiven Ruf reflektiert. Im Privaten wird dann auch geredet und dieses Umfeld erfährt so beispielsweise auch von sozialen Projekten auf dem Kiez, die wir unterstützen. Dies schätzt das private Umfeld eines Mitarbeiters genauso, und es führt zu einer Identifikation mit dem Unternehmen. So schließt sich der Kreis und man merkt, wie indirekt die Früchte geerntet werden.

Wenn Sie wissen wollen, wie Ihre Reputation sowohl innerhalb des Unternehmens als auch in der Außendarstellung von den einzelnen Interessensgruppen beeinflusst wird, betrachten Sie dieses Schaubild (Linkdetails siehe Anhang).

**Meine Gedanken/Anregungen/Ideen/Erkenntnisse
zur Verbesserung des Rufes im Bereich der Führung:**

Ihr guter Ruf verkauft! Sonst nichts. **79**

3. Vergessen Sie Ihr Angebot. Positionieren Sie sich!

Sie finden das zu provokativ?

Es ist doch das Angebot, Ihre Dienstleistung, mit dem oder mit der Sie Umsatz machen. Oder nicht? Leider muss ich Sie enttäuschen. Das Angebot ist nur Mittel zum Zweck auf dem Weg zu finanziellem Erfolg. Nicht mehr, aber auch nicht weniger!

Ihre Authentizität und Ihre Positionierung sind die Schlüssel, um Aufmerksamkeit zu erzeugen, Interesse zu wecken. Sie selbst in Ihrer Person und Ihre Positionierungsstrategie sind das, was Sie vom Wettbewerb unterscheidet. Das, was Sie unvergleichbar macht.

Ihre Mitarbeiter und Sie als Unternehmer stehen unter Beobachtung. Im Zeitalter des Web 2.0 immer intensiver. Machen Sie sich bewusst, dass Ihre Handlungen und Ihre Aussagen, ob in Sprache, Bild oder als geschriebener Text, immer bemerkt werden. Vorsicht also!

Wir sitzen an seinem Schreibtisch. Er kommt an den Tisch, wie man ihn kennt. Man erkennt ihn sofort. Wolfgang Grupp, Trigema-Chef. Feiner Anzug, Krawatte und das passende Stecktuch dazu. Wir stellen die erste Frage und es sprudelt aus ihm heraus. Übrigens, wir sitzen nicht im fünften Stock auf der Vorstandsebene. Nein, weit gefehlt. Wir sitzen im Großraumbüro und sein Schreibtisch steht mitten unter seinen 32 Verwaltungsmitarbeitern! Absolut glaubwürdig.

Sicher, nicht jeder mag vermutlich seine direkte, provokative Art. Aber er ist authentisch. Und ja, deshalb erfolgreich. Beim Interview, vor Ort in Burladingen auf der Schwäbischen Alb, lernten wir ihn persönlich kennen. Da stecken eine Menge Herzblut und Engagement dahinter. Power bis zum letzten Satz. Nicht nur bei den Talk-Shows im Fernsehen, auch beim Interview. Zurückhaltung gibt es nicht. Volle Kraft voraus.

Glauben Sie wirklich ein Joachim Gauck oder eine Angela Merkel wirken zufällig so, wie sie wirken. Alle diese tollen Redner, die Superentertainer wie Thomas Gottschalk, trainieren ihre Authentizität in dieser Rolle und verstärken sie deutlich. Ich bin sicher, Ihre Mitarbeiter, Sie als Unternehmer und damit Sie als Unternehmen haben an dieser Stelle noch enorm viel Luft nach oben.

Authentisch zu sein, bedeutet Vertrauen und Glaubwürdigkeit zu schaffen. Authentizität verbinden wir mit Selbstsicherheit, Kompetenz und einem guten Charakter. Authentische Menschen erzeugen Respekt und Hochachtung. Alles zusammen die Ausgangsbasis für eine gute Reputation, für Ihren guten Ruf!

Ihre Authentizität entscheidet über das Vertrauen, das Ihnen Ihre Kunden entgegenbringen. Genau danach suchen Ihre Kunden. Nach Vertrauen und Glaubwürdigkeit – letztlich nach Authentizität. Alle Ihre unterschiedlichen authentischen Rollen sind Bestandteil Ihrer Persönlichkeit.

Authentisch sein, bedeutet echt sein

Wikipedia sagt: Authentizität (von gr. authentikós *„echt"*; spätlateinisch authenticus, *„verbürgt"*, *„zuverlässig"*) bedeutet Echtheit im Sinne von *„als Original befunden"*. Das Adjektiv zu Authentizität heißt authentisch.

Auf die Frage nach seiner Authentizität antwortete Wolfgang Grupp folgendes:

JÜRGEN LINSENMAIER: Der gute Ruf entsteht ja hauptsächlich durch Glaubwürdigkeit, indem man Verantwortung übernimmt und vor allem, im Kern, dass Unternehmen und Unternehmer authentisch sind. Was ist Ihrer Meinung nach bei Ihrem Unternehmen, bei Ihnen selber authentisch, sehr authentisch?

WOLFGANG GRUPP: Das dürfen Sie nicht mich fragen, das müssen Sie mir sagen. Ich rede offen und ich spreche auch Probleme an! Wenn ich etwas von mir behaupte, dann ist es auch so und deshalb wird es als sicherlich als authentisch ausgelegt. Authentisch heißt für mich nichts anderes, als dass man für das was man sagt, auch persönlich steht!

Ist das polarisierend, provokativ oder ganz einfach authentisch? Vor allem die Ehrlichkeit ist es, die jemanden authentisch macht. Egal, ob sie einem gefällt oder nicht. Authentisch sein, bedeutet echt sein. Die Menschen, der Mitarbeiter, der Geschäftspartner merken diesen Aspekt sofort und ja, sie wertschätzen ihn. Andere nennen es Charisma. Aber auch Charisma ist das Ergebnis einer gelebten Authentizität.

Ich will es hier nicht allzu kompliziert machen. Jeder Mensch lebt innerhalb seiner Persönlichkeit bestimmte Rollen, eine Hauptrolle im Privatleben, innerhalb der Familie, eine weitere große Rolle – und um die geht es hier hauptsächlich – im

Beruf, als Selbstständiger oder als Angestellter. Ihre Persönlichkeit, aufgrund Ihrer Erziehung, ist kaum mehr veränderbar. Ihre Rollen sind veränderbar und vor allem durch Sie selbst beeinflussbar. Sie lassen sich sogar um neue, zusätzliche Rollen erweitern. Alle authentischen Menschen handeln auf Grundlage ihrer eigenen Überzeugung. Authentizität bedeutet, dass wir sagen, was wir denken und genau danach handeln. So wie es unseren Überzeugungen entspricht.

Fragen Sie einmal einen guten Freund oder guten Geschäftspartner. Auch er möchte echt wirken, echt sein. Alle Menschen, wenn man sie fragt, wollen das. Nur, leider wirken viele nicht authentisch auf uns. Unsere Intuition sagt uns oft *„Der ist nicht echt"*. Ihr Verhalten uns gegenüber erzeugt nicht die gewünschte – echte – Wirkung.

Echte Persönlichkeiten, charismatische Menschen vermitteln ein Bild von sich, das von uns als natürlich empfunden wird. Authentische Menschen haben Ausstrahlung. Das *„Echte"*, das *„Ehrliche"*, das *„Unverfälschte"*, das *„Ungekünstelte"* zieht uns an. Jemand, der in Übereinstimmung mit seinen Werten lebt und handelt, wirkt auf uns wie ein Mensch aus einem Guss. Ein solcher Mensch wird für uns erkennbar, fühlbar und einschätzbar. Das gibt uns Sicherheit und sorgt für angenehme Gefühle. Eine als authentisch bezeichnete Person wirkt besonders echt, das heißt, sie vermittelt ein Bild von sich, das beim Betrachter als real, urwüchsig, unverbogen, ungekünstelt wahrgenommen wird. Authentische Menschen sind sich Ihrer selbst bewusst. Sie kennen ihre Persönlichkeit, können damit flexibel umgehen und sie erfolgreich einsetzen.

Butter kocht besser

Ungesund kochen ist heutzutage völlig *„out"*. Alles was in Print, Funk und Fernsehen präsentiert wird, ist bio und soll gesund sein. Nun, erfolgreiche Positionierungen, die auf Einmaligkeit beruhen, machen sehr oft das Gegenteil vom Üblichen und schauen genau deshalb aus dem Einheitsbrei heraus. Die tote Mitte wird verlassen.

Horst Lichter kocht sehr bewusst mit Butter, weil es besser schmeckt – übrigens wie fast jeder Sternekoch. Es gibt nur einen einzigen Unterschied zu allen anderen Köchen: Er steht dazu, dass es durchaus mal ein kräftiges Stück Kerrygold mehr sein darf. Das Herunterspielen seiner Kochleistungen und seine Persönlichkeit, die völlig authentisch seinem *„Ich"* entspricht, tragen ihr Übriges dazu bei.

Die Positionierung über das Merkmal „*Butter*" in Zusammenhang mit seiner Person ermöglicht Lichter eine effektive Kommunikation und erklärt seinen enormen Erfolg. Gern gesehener Talkgast, lukrative Werbeverträge und, mindestens, zwei mir bekannte Kochshows lassen den Rubel rollen. Gratulation.

Horst Lichter transportiert seine Authentizität professionell über seine Ich-Marke. Die Marke assoziiert für den Kunden die Punkte: Spaß haben, Freude am Kochen, ein unkompliziertes miteinander Essen – diese Zutaten implizieren: Kochen kann jeder und es ist unterhaltsam. Genauso ist sein Restaurant konzipiert. Lichter kocht mittendrin – mit viel Butter und viel Entertainment.

Hier wird von einer Unternehmerpersönlichkeit intuitiv das Richtige gemacht und konsequent umgesetzt. In meiner Beratungstätigkeit erarbeite ich schwerpunktmäßig Unternehmens-Positionierungen. Dabei stelle ich sehr oft fest, dass der Unternehmer seine Authentizität und Positionierung bereits kennt. Allerdings benötigt es in den meisten Fällen externe Unterstützung, um sie an die „*Oberfläche*" zu bringen.

Ohne Authentizität kein guter Ruf

Nach langjähriger Beratung von Unternehmen in den Bereichen Positionierung, Kommunikation und klassischer Werbung sind wir zu der Erkenntnis gekommen, dass es ohne gelebte Authentizität nicht funktionieren kann. Um Spitzenerfolge zu erreichen ist eine professionelle Authentizität Voraussetzung. Ohne sie ist maximal Durchschnitt möglich. Ohne Authentizität nehmen Ihnen Ihre Kunden, das was Sie erzählen, anbieten, zu verkaufen versuchen, nicht ab. Der Erfolg bleibt aus.

Warum verzeiht die Mehrheit der Menschen dem „*von Guttenberg*" Fehler und einem Herrn Wulff nicht? Menschen, die authentisch agieren, werden Fehler verziehen. Ihre Reputation, ihr Ruf werden also langfristig nicht darunter leiden, wenn sie Fehler machen, eine Rechnung falsch geschrieben, eine Leistung mit Mängeln abgeliefert haben. Wenn sie authentisch sind, ehrlich, echt und offen, wird man ihnen verzeihen. Im Gegenteil, man wird sie sogar dafür lieben. Ihre Reputation wird sich schrittweise erhöhen.

Wir haben gelernt, dass der gute Ruf auf vier Elementen aufbaut. Vertrauen, Glaubwürdigkeit, Zuverlässigkeit und Verantwortung. Ihr potenzieller Kunde, Ihre Geschäftspartner, Ihre Bank merken, wenn hier etwas nicht hundertprozentig stimmig ist. Bleiben Sie also echt, kommunizieren Sie mit Ihren Partnern offen, klar und eindeutig und vor allem ehrlich. Auch wenn ehrlich nicht immer schön ist, ist auch schön nicht immer ehrlich.

Viele Geschäftsfreunde äußern eine gewisse Unzufriedenheit gegenüber ihren Hausbanken. Banker, die sie nicht verstehen, keine weiteren Kredite genehmigen, nicht für den Mittelstand da sind. Die Geschichte meines Bankers ist eine völlig andere. Als ich noch Vorstand eines Medienunternehmens war, waren logischerweise das eine oder andere Gespräch mit meiner Hausbank notwendig, der eine oder andere Kredit vonnöten. Mein Banker war glücklicherweise vom alten Schlag, also einer der zuhört, das Konzept versteht. Auf die Frage, wie er denn Kredite außerhalb von Sicherheiten genehmigt, sagte er: *„Herr Linsenmaier, ich weiß nach fünf Minuten des Gesprächs mit dem Unternehmer, ob er das hält, was er mir verspricht. Ist er glaubwürdig, kann ich ihm seinen Kreditantrag abzeichnen."*

Daraus folgt: **Ohne Glaubwürdigkeit, Vertrauen, Zuverlässigkeit, Verantwortung – also ohne Authentizität, kein Kredit!**

Das verstehen wir unter Authentizität

Was ist am Trigema-Chef authentisch? Klar, seine Ehrlichkeit, seine Echtheit. Aber auch seine eindeutige Bekenntnis zu *„Made in Germany"*, für einen Bekleidungshersteller eine beachtenswerte Positionierung über eine Merkmalstrategie. Von der Authentizität zu einer unverwechselbaren Positionierung. Trigema und sein Chef Wolfgang Grupp stehen inzwischen sinnbildlich für *„Made in Germany"*. Wolfgang Grupp äußert sich hierzu im persönlichen Interview wie folgt:

JÜRGEN LINSENMAIER: Früher hat man sich die Hand gegeben, um einen Abschluss beschließen. Fehlt das in der heutigen Zeit?

WOLFGANG GRUPP: Wir sind eine anonyme Gesellschaft von Egoisten geworden. Man weiß nicht, ob die Person mit der man einen Vertrag abgeschlossen hat, nach 2 Jahren noch da ist! Wie schon gesagt, wir brauchen die Kontinuität, die Beständigkeit und vor allem den ehrbaren Kaufmann, der zu dem steht, was er gesagt hat!

Wir brauchen auch Produktionsarbeitsplätze, damit wir weiter entwickeln und forschen können! Wir dürfen die Produktionsarbeitsplätze nicht auslagern.

Selbstverständlich übernehmen die anderen für uns die Arbeit, sie werden sich aber gleichzeitig nicht nehmen lassen, an diesen Arbeitsplätzen auch zu entwickeln und zu forschen und wenn wir dies zulassen, dann können wir sicher das Deutschland oder das Europa das wir von unseren Vätern oder Großvätern erhalten haben, nicht mehr an unsere Kinder weitergeben. Wir brauchen also unsere Produktionsarbeitsplätze, diese müssen aber auf einem anderen Niveau stehen, keine Massenprodukte, sondern innovative Produkte, bei denen dann auch der höhere Lohn gerechtfertigt ist!

JÜRGEN LINSENMAIER: Die Kernkompetenz heißt für Sie „Made in Germany"?

WOLFGANG GRUPP: Die Kernkompetenz heißt für mich Produktion von Textilien bzw. Strick- und Wirkwaren.

GUNTHER T. VERLEGER: ... und die zweite Ebene ist dann „Made in Germany"?

WOLFGANG GRUPP: „Made in Germany" ist nicht meine Kernkompetenz, sondern das ist für mich als heimischer Unternehmer eine erste Pflicht zuerst meine Aufgabe in meinem Heimatland zu erfüllen, bevor ich meine das Glück in der Ferne suchen zu müssen. Ich muss meine Mitmenschen in den Arbeitsprozess mit einbeziehen. Dies ist meine Aufgabe als Unternehmer und dieser komme ich nach und deshalb stehe ich zu Made in Germany. Außerdem hat „Made in Germany" einen sehr guten Ruf und damit bietet „Made in Germany" auch eine große Chance die Produkte im Ausland zu verkaufen.

JÜRGEN LINSENMAIER: Ist das auch so vom Status her?

WOLFGANG GRUPP: Wir müssen aufpassen, dass wir „Made in Germany" nicht weiter verwässern, deshalb brauchen wir unsere Arbeitsplätze im Inland um auch die Werte die Made in Germany nach außen darstellt, garantieren zu können.

Nachtschichten? Tja, nur mit Herzblut effektiv

Ich muss nochmals betonen, warum Ihre Authentizität für Ihren Erfolg so enorm wichtig ist. Sie arbeiten ohne Anstrengung. Freunde, die das nicht kennen, fragen Sie: *„Warum liegst du nicht mal an den Baggersee oder gehst mal wieder golfen?"* Sie empfinden Ihre Arbeit nicht als Arbeit, sie macht Ihnen Freude. Nachtschichten sind für Sie kein Problem, machen Sie nicht mal müde. Im Gegenteil, sie wirken motivierend.

Glauben Sie mir. Ihre Kunden bemerken dieses Herzblut. Diese Begeisterung, dieses Engagement für Ihre Sache. Und ja, sie kommunizieren diese positive Einstellung, diese positive Energie nach außen.

„Arbeit muss Spaß machen". Von derartigen Lebensweisheiten halte ich, pauschal gesprochen, eher wenig. Davon profitieren oftmals nur Trainer und Coaches, weil es gerade *„in"* ist. Aber genau auf dieser Weisheit basiert die Authentizität eines Angestellten oder Unternehmers. Wenn Sie als Angestellter den Job finden, der Ihnen Spaß macht, wenn Sie als Selbstständiger die Positionierung finden, die Ihnen Spaß macht, dann sind Sie authentisch. Dann können Sie IHR Angebot entwickeln und damit wirklich verdammt viel Geld verdienen.

Bereits der charismatische Steve Jobs sagte in einer seiner beeindruckenden Reden:

„Der einzige Weg, um großartige Arbeit zu leisten, ist zu lieben, was man macht. Wenn ihr es bis jetzt noch nicht gefunden habt, sucht weiter danach. Gebt nicht auf. Denn wie bei allen Herzensangelegenheiten werdet ihr es erkennen, sobald ihr es findet."

Positionierung und das sich daraus ergebende Angebot muss Spaß machen. Sonst wirkt es unglaubwürdig.

Wer einzigartig ist, hat nur Verfolger

Wer einzigartig ist hat keine Konkurrenz, hat keine Mitbewerber. Wer einzigartig ist hat nur Verfolger, also Firmen, die versuchen, ihn zu kopieren.

Entwickeln Sie also eine professionelle Authentizität. Das ist der erste Schritt zur Ihrer Einzigartigkeit. Wo sind Sie authentisch, wo fühlen Sie sich wohl? Dann erst kommt der zweite Schritt, Ihre Alleinstellung, Ihre Positionierung im Markt. Sie merken, Ihr Angebot kommt ganz zum Schluss. Es entwickelt sich im dritten Schritt aus Ihrer Positionierung heraus. Ohne Authentizität finden Sie keine (Positionierungs-) Strategie, die zu Ihnen passt. Jedenfalls keine, die unternehmerischen Erfolg haben wird.

Kommen wir zurück zu unseren geliebten iPhones. Zu Apple. Warum hat Apple diesen Erfolg? Schauen wir uns einmal an, was da im Kern passiert. Apple verkaufte schon immer PCs. Aber eines unterscheidet Apple von anderen Anbietern. Apple hat immer etwas im Angebot was revolutionär ist. Den Markt sogar nachhaltig verändert. Übrigens nicht erst seit es das iPhone gibt. Früher schon hat Apple „*Neues*" auf den Markt gebracht. Apple hat zum Beispiel die ersten Tischrechner (Cube) verkauft. Apple hat das CD-ROM Laufwerk abgeschafft. Daran erinnere ich mich noch sehr gut. Plötzlich war das Grafikprogramm QuarkXPress nicht mehr zu installieren. Apple hat Quark sozusagen gezwungen, ihr Programm in anderer Form anzubieten. Der „*Download*" war erfunden.

iPod, iPhone, iPad, MacBook Air, Apps und vieles mehr. Diese Produkte haben den Markt durchaus auf den Kopf gestellt. Sie sind allerdings „*nur*" die Folge einer Strategie, die Apple einmalig macht.

Apple arbeitet äußerst konsequent mit einer Innovationsstrategie, die alle Mitbewerber im Grunde genommen zu Verfolgern werden lässt. Kaum gibt es bei Apple die Idee der Apps, gibt es bei Samsung auch welche. Im Fall Apple kopiert der Wettbewerb, was das Zeug hält. Diese Strategie, damals noch verbunden mit der Person von Steve Jobs, ließ Apple zum sogar zum Kultprodukt werden. Tja, „*Ihr guter Ruf verkauft*". Keiner fragt im Apple Shop in München, Frankfurt oder London nach Rabatten. „*Ihr guter Ruf verkauft! Sonst nichts.*"

Faszinierend ist allerdings, wie bewusst sich Apple diese Strategie macht. Diese Konsequenz zeigt sich deutlich in einem Zitat von Tim Cook, dem Vorstandsvorsitzenden von Apple:

„*Ich habe niemals von einem Unternehmen gehört, gelesen oder sonst wie Kenntnis erlangt, das fokussierter ist als wir.* **Jeden Tag sagen wir Nein zu guten Ideen. Um die Anzahl der Dinge, auf die wir uns fokussieren, möglichst gering zu halten, sagen wir sogar zu überragenden Ideen Nein.** *Auf diese Weise können wir eine enorme Energie in die Dinge stecken, die wir auswählen. Wahrscheinlich würden sämtliche Produkte, die Apple zurzeit anbietet, auf dem Tisch, an dem Sie gerade sitzen, ausreichend Platz finden. Dennoch betrug der Umsatz von Apple im letzten Jahr 40 Milliarden US-Dollar.*"

Außerdem sagte Apple-Chef Cook vor kurzen:

„Apple bleibt bei seiner Strategie, nur ausgewählte Produkte zu bauen und zu verbessern. Diese von Steve Jobs eingeführte Politik ist eines der Erfolgsgeheimnisse des Konzerns."

Glückwunsch zu dieser Konsequenz.

Mal zwischendrin: Wohin geht das Angebot?

War in der Vergangenheit der reine Nutzwert entscheidend, muss das Produkt in der Gegenwart einen großen Leistungswert besitzen. In Zukunft wird die Attraktivität des Produktes ausschlaggebend sein. Das Angebot wird von Verdrängungsmärkten entwickelt und in Zukunft werden wir Fantasiemärkte haben, die Angebote entwickeln lassen.

Nur ein paar Stichworte an dieser Stelle, die diesen Weg begleiten können und auch werden:

1. Das Angebot wird „*nachhaltiger*"
Die derzeitige *„Emotionalisierung des Angebotes"* wird sich hin zur *„Nachhaltigkeit des Angebotes"* entwickeln. Nachhaltigkeit ist somit nicht mehr nur eine gute Werbeidee oder eine bessere Kommunikationsstrategie, sondern in das Unternehmen integriert.

2. Das Angebot wird „*persönlicher*"
Dies ist nicht in dem Sinne gemeint, dass Angebote individualisierter angeboten werden, also Produkte speziell für einzelne Kunden gemacht sind. Angebote werden zukünftig vom Kunden als individuell erlebt, weil sie seine Philosophie und seinen Lebensstil treffen.

3. Das Angebot wird „*langfristiger*"
Ich denke, wir werden eine Renaissance der qualitativen Werte erleben. Dadurch werden sich die Angebote wesentlich langfristiger am Markt halten. Das Angebot erhält schneller *„Kultstatus"*. Warum? Weil die qualitativen Werte des Kunden kombiniert mit der Philosophie des Unternehmens, den Kultstatus eines Angebotes (Produktes) ermöglichen werden.

Ihr Angebot folgt Ihrer Authentizität

Ihre täglichen Entscheidungen werden einfach einfacher. Was bedeutet das für Ihr Unternehmen? Welches Interesse sollten Sie daran haben, sich eindeutig zu positionieren? Der Weg des Erfolgs führt von der Authentizität über die Positionierung hin zum Angebot.

Nehmen wir einmal die Spezialisierungsstrategie oder Expertenstrategie. Ein Beispiel: Sie als Person mit Ihrem Unternehmen werden Experte für die Entwicklung, Produktion und den Vertrieb von Reinigungstechnik.

Viele tagtägliche Entscheidungen werden damit einfach einfacher:

- Sie wissen, welche Angebote Sie entwickeln oder verbessern müssen.
- Sie wissen, wo Sie selbst Weiterbildungen in Anspruch nehmen können.
- Sie wissen, worin Sie Ihre Mitarbeiter schulen müssen.
- Sie wissen, wie Sie sich präsentieren müssen.
- Sie wissen, worauf es bei Ihrer Kommunikation punktgenau ankommt.
- Sie wissen immer, was Sie von Ihrem Verfolger (Wettbewerb) unterscheidet.

Kommt Ihnen die Spezialisierung *„Entwicklung, Produktion und Vertrieb von Reinigungstechnik"* bekannt vor? Können Sie sich vorstellen, von welcher Firma ich spreche?

So ein Familienunternehmen kann ziemlich groß werden. Dank der frühzeitigen Positionierung als *„DER Reinigungsspezialist"* hat Kärcher im Jahr der Finanzkrise einen Rekordumsatz von 1,4 Milliarden Euro erwirtschaftet. Ein weiterer Beweis dafür, wie wichtig eine klare, eindeutige und unvergleichbare Positionierung im Markt für Ihr Unternehmen ist. Also bitte weg von einer Bauchladenstrategie – denn nur dann wissen Sie zu jedem Zeitpunkt, worauf es wirklich ankommt.

Verändern Sie einmal Ihren Blickwinkel. Schauen Sie nach, wie sich andere Unternehmen positionieren. Wenn Sie mit Ihrer Position unzufrieden sind, verändern Sie sie. Sie sind kein Baum.

Schritt eins

Im ersten Schritt müssen Sie sich kennenlernen. Das fällt einem mit zwanzig Lebensjahren auf dem Buckel vermutlich schwerer als einer schon gereiften Persönlichkeit. Denken Sie intensiv über die Rollen nach, die Sie haben und leben wollen. Denken Sie darüber nach – oder noch besser, denken Sie *vor* – wobei Sie sich wohlfühlen, was Ihnen Spaß macht, wo Sie authentisch sind, welche Stärken und Schwächen Sie haben. Wie stark ist Ihre Authentizität heute schon ausgeprägt und was ist Ihr Ziel?

Arbeiten Sie an sich und hören Sie bitte nie damit auf. Die persönliche Entwicklung ist nie *„erledigt"*, sondern ein lebenslanges Thema. Glauben Sie mir das. Bitte.

Schritt zwei

Finden Sie Ihre Position im Markt. Suchen Sie danach, was Sie in Ihrer Branche von Ihren Mitbewerbern unterscheidet. Im Zweifel lassen Sie sich auch an dieser Stelle beraten. Dieser Schritt ist sehr wichtig. Er muss zu Ihnen passen, Sie müssen Ihre Einmaligkeit verkörpern. Die Innovationsstrategie von Apple hat eindeutig zu Steve Jobs gepasst und ihm viel Freude bereitet.

Schritt drei

Haben Sie die Schritte eins und zwei richtig ausgearbeitet? Wissen Sie, wer Sie sind? Wissen Sie, wie Sie sich positionieren? Dann entwickelt sich Ihr Angebot fast von alleine.

Eine ganz andere Frage an Sie. Warum haben eigentlich so viele Unternehmen einen Bauchladen? Sprechen ständig über den Preisverfall oder regen sich über die Unwirksamkeit ihrer Werbemaßnahmen auf? Die Antwort ist glasklar: Wenn alles, was Sie anbieten, vergleichbar wird, orientiert sich der Kunde am Preis. An was soll er sich denn sonst orientieren?

Kennen Sie ein Zwei-Sterne-Restaurant, das Rabatte gibt? Vielleicht fragen Sie sich, wo beim Zwei-Sterne-Restaurant der Unterschied ist. Dort brutzelt ja auch nur das Fleisch in der Pfanne. Nein, es hat ein eindeutiges Merkmal (Positionierung) – die zwei Sterne. Beim Fleisch mit dem bekannten Bio-Siegel macht ja auch keiner am Preis rum. Ist Bio-Ware und damit halt teurer.

Sechs Ausgewählte ...

Betrachten Sie einmal einen gemütlichen Marktplatz in einer kleinen Stadt irgendwo in Deutschland. Stellen Sie sich gedanklich in die Mitte dieses Marktplatzes und drehen Sie sich einmal um Ihre eigene Achse. Haben Sie etwas bemerkt?

Haben Sie auch die drei Apotheken gesehen, die den Kampf um den Kunden aufgenommen haben? In der ganzen Stadt gibt es vermutlich noch ein paar Apotheken mehr. Gleicher Großhändler, gleiche Produkte, gleiche Preise, gleiche Lieferzeiten, gleiche viele kranke Kunden. Ergebnis: Alle drei Apotheken erwirtschaften den gleichen (schlechten) Gewinn.

Haben Sie die zwei Cafés entdeckt, die zwei Bäckereien? Das Angebot ist meist vergleichbar. Oder die drei Metzger in den Seitenstraßen und, und, und ... Übertragen Sie diesen virtuellen Marktplatz auf den Markt im Ganzen. Sind Sie Handwerker, Freiberufler oder Einzelhändler? Worin unterscheiden Sie sich vom Mitbewerber? Haben Sie den Preiskampf bereits aufgenommen?

Die Wünsche, Bedürfnisse und Probleme Ihrer Kunden und Geschäftskontakte sind das Wissen, aus dem sich Ihre einmalige Positionierung in Ihrem Marktumfeld erarbeiten lässt. Wenn Sie mit Ihrer Position nicht zufrieden sind, ändern Sie sie. Der erste Schritt besteht darin herauszuarbeiten, welche Position Sie im Markt bereits einnehmen oder wie Sie sich unterscheiden können.

Der Erfolg beginnt mit der richtigen Positionierung – so einfach ist das! Kleine und mittelständische Unternehmen stehen fast immer unter extrem hohem Erfolgsdruck, um mit ihrem Unternehmen gewinnbringend im Marktumfeld zu arbeiten. Trotz steigender Kosten und Investitionen sinkt die Nachfrage und der Konkurrenzdruck ist inzwischen extrem hoch.

Kommen wir zurück zu „*unseren*" Apotheken. Sie erinnern sich. Wo kann eine der drei Apotheken erfolgreicher sein als der Mitbewerber auf der Straßenseite gegenüber? Sie können es sich bereits denken: Der Erfolg beginnt mit der richtigen Positionierung – so einfach ist das! „*Meine*" Apotheke, in der ich einkaufe, hat auch die gleichen Preise und gleichen Lieferzeiten. Vielleicht ist der Service besser und die Apothekerinnen sind hübscher. Aber der springende Punkt ist, dass „*meine*" Apotheke auf zirka 15 Quadratmetern Alternativmedizin präsentiert, wie australische Bachblüten. Also die Produkte, die der Alternativmediziner empfiehlt oder verschreibt. Und natürlich gibt es eine kompetente Beratung dazu, Vorträge werden angeboten und ich kann mir das Ganze auch nach Hause liefern lassen. Und deshalb kaufe ich dort auch alles andere ein! Hier wird die Positionierung über eine Marktnische oder Spezialisierung angewendet.

Die Nutzen-Strategie

Sie sind Versicherungsmakler und fragen sich, was Sie tun können? Sie fühlen sich mit Zahlen wohl, sind ein *„Excel-Experte"* (Authentizität)? Welchen Nutzen (Nutzenstrategie) können Sie Ihrer Zielgruppe anbieten? Optimieren Sie die Versicherungsverträge Ihrer Zielgruppe. Versprechen Sie Einsparungen in Höhe von X bei gleicher Leistung. Geben Sie eine Garantie (Merkmal).

Die Nutzenstrategie orientiert sich ausschließlich an den Bedürfnissen und Problemen einer Zielgruppe. Sie spezialisiert sich also nicht direkt anhand eines neuen Angebotes wie bei der Nischen-Strategie, sondern schafft eine besondere Problemlösung innerhalb gleich oder ähnlich beschaffenen (homogenen) Zielgruppen.

Die Preis-Strategie

Die Positionierung über den besten Preis ist nicht uneingeschränkt zu empfehlen. Je nach Voraussetzung birgt sie viele Gefahren. Hat man sich erst einmal für die Preispositionierung entschieden, hat man gleichzeitig ein gewisses Risiko mit eingekauft. Es ist in diesem Falle immer möglich, noch billiger zu werden (negative Preisspirale), aber kaum, den Preis wieder zu erhöhen. Das heißt letztlich, dass durch weitere, über den Markt aufgezwungene Preissenkungen die Gewinnmargen immer weiter zusammenschmelzen. Konkret bedeutet das, man muss bei einer Entscheidung für eine Bester-Preis-Strategie sehr überlegt vorgehen und sich der Risiken bewusst sein.

Allerdings es gibt auch die Möglichkeit, über einen höheren Preis (Luxusgüter) oder über die Bezahlung bei Erfolg, die Preisstrategie anzuwenden.

Sie sind Unternehmensberater und fragen sich, was Sie tun können? Sie beraten gerne Menschen auf dem Weg zu ihrem eigenen Erfolg (Authentizität)? Dann bieten Sie Ihren Kunden doch diesbezüglich Beratung an (Angebot). Geld für Sie gibt es nur bei Erfolg in Form eines prozentualen Anteils (Positionierung) – als praktisches Beispiel können Sie hier den Ansatz der Firma Multiconsult® aus München prüfen.

Die Innovations-Strategie

Die Innovationsstrategie verlangt von Ihnen, dass Sie immer in der vordersten Reihe stehen, was die Weiterentwicklung Ihrer Produkte und Dienstleistungen angeht. Sie müssen sich auf Neues und Revolutionäres konzentrieren, immer einen Schritt weiter sein als Ihr Wettbewerb. Es gibt überraschenderweise viele Unternehmen, die diesen Weg gehen.

Die Service-Strategie

Als Service-Strategie bieten Sie Ihrer Zielgruppe bestimmte Zusatzleistungen an. Leistungen, die entweder kostenlos sind, aber aus denen Zusatzkosten entstehen, also weiterer Umsatz für Sie. Garantieleistung, Geld-zurück-Garantie, Sauberkeitsgarantie, zusätzliche Gewährleistungen fallen darunter. Aber auch, dass Sie Ihr Maler, während er die Küche streicht, auf seine Kosten zum Essen ins Restaurant einlädt. Eines der weltweit führenden Unternehmen das die Service-Strategie umgesetzt hat ist Zappos – hier finden Sie deren Werte auf denen alles aufbaut. Der gute Ruf ist Zappos gesichert.

Die Zielgruppenstrategie

Sie sind Malermeister und fragen sich, was Sie tun können? Sie fühlen sich wohl, wenn Sie Menschen helfen können (Authentizität)? Dann positionieren Sie sich mit der Zielgruppenstrategie und helfen Sie Menschen der Altersklasse 50 plus. Sie renovieren und modernisieren (Angebot) zum Beispiel während Ihre Kunden im Urlaub sind. Richten Sie Ihr komplettes Angebot exakt danach aus, dass Ihre Zielgruppe sich wohlfühlt.

Die Experten- und Spezialisierungs-Strategie

Jeder Mensch hat auf einem bestimmten Gebiet ein überdurchschnittliches Wissen gegenüber der Allgemeinheit. Sie können sich folglich jederzeit in einem Gebiet als Experte darstellen und präsentieren. Als Experte fallen Sie auf, werden nach Ihrer Meinung gefragt. Sie erhalten überdurchschnittlich viele Aufträge und führen deutlich weniger Preisgespräche. Experten wird deshalb mehr vertraut, weil sie vom Fach sind und in ihrem Fachgebiet genau Bescheid wissen.

Allerdings ist eines wichtig: Ihr Fachgebiet sollte Sie persönlich interessieren, Ihr Herzblut sollte daran hängen. Dann werden Sie unglaublich schnell dazulernen und Ihren Expertenstatus engagiert kommunizieren.

Setzen Sie sich über Ihre eigene Unsicherheit und Selbstzweifel hinweg, dass Sie eventuell doch noch nicht genug gelernt, gelesen oder zu wenig Berufserfahrung haben, um den Expertenstatus zu verdienen. Wenn Sie Ihr Spezialgebiet gefunden haben, werden Sie vom Wissensstand her zu 95 Prozent allen anderen Menschen überlegen sein. Und das Beste: Es gibt eine Menge Menschen da draußen, die genau Ihr Wissen benötigen und auch bereit sind, dafür zu bezahlen.

Ein Beispiel. Sie sind eine Werbeagentur und fragen sich, was Sie tun können? Sie konzipieren gerne und sind durchaus ein Medienmensch (Authentizität). Werden Sie zum Medienexperten (Expertenstrategie). Nutzen Sie die jeweils aktuellen Kommunikationskanäle für Ihr Angebot. Konzipieren Sie Kundenzeitschriften, Publikumszeitschriften für Verlage und verknüpfen Sie sie mit den Neuen Medien wie Facebook und Twitter (Angebot). Sie sind der Experte, der der diese Medien konzipiert und professionell miteinander verknüpft.

... und noch was ganz Besonderes:

Mach-dich-rar-Strategie ... **Sie sind Winzer und fragen sich, was Sie tun können?** Sie wollen die beste Qualität (Authentizität)? Machen Sie Ihren guten Tropfen wertvoll. Minimieren Sie einen Teil Ihrer Produktion (Positionierung). Raritäten sind begehrt (Angebot). Sie werden sehen, der Preis wird sich locker verdreifachen.

**Meine Gedanken/Anregungen/Ideen/Erkenntnisse
zum Querdenken zur eigenen Positionierung:**

Ihr guter Ruf verkauft! Sonst nichts. **97**

Networking:
Spreche nie mit Fremden

Im Kapitel *„Verkaufen: Haben Sie einen Kunden schon einmal „wow" sagen hören?"* hat Dr. Ivan Misner bereits über den Übergang zwischen Netzwerken als Marketingwerkzeug und Netzwerken als Verkaufswerkzeug erläutert. Vielleicht haben Sie in meiner Autorenbiografie gelesen, dass ich der erste Franchise-Nehmer von BNI in Deutschland bin, der BNI erfolgreich in die Praxis umgesetzt hat. Dieses Buch dient jedoch nicht dazu, Ihnen BNI näherzubringen, sondern Ihnen den Zusammenhang zwischen Networking und dem guten Ruf zu verdeutlichen. Die Beispiele, die ich ausgewählt habe, sind deshalb nicht BNI-spezifisch, auch wenn viele davon im BNI-Umfeld spielen.

Ist Ihre Integrität stärker als Ihr Netzwerk?

Ob Sie wollen oder nicht: Als Unternehmer netzwerken Sie permanent. Das Kundennetzwerk, das Lieferantennetzwerk, das Kooperationspartnernetzwerk, das Netzwerk der ehemaligen Kunden, das der Mitarbeiter und das Ihrer Mitbewerber. Der gute Ruf spricht sich bekanntlich sehr zögerlich herum, der schlechte dagegen breitet sich aus wie ein Lauffeuer. Nun kann es aber auch passieren, dass Informationen verbreitet werden, die nichts, aber auch wirklich gar nichts, mit Ihnen, Ihrem Unternehmen und Ihrer Sache zu tun haben. Dann heißt es handeln – und zwar schnell. Warum ist es mir wichtig, dass Sie dies als Unternehmer wissen? Weil Sie bereit sein müssen, sich der Sache zu stellen, sonst haben Sie keine Chance. Deshalb ist neben Ihrem Netzwerk Ihre Integrität so entscheidend für Ihren Ruf. Es wird immer Personen geben, die gegen Sie sind, die Ihnen Ihren Erfolg neiden und die nicht Ihre Ansichten vertreten. Aus diesem Grund wappnen Sie sich von Anfang an dagegen.

Ich habe im Jahr 2003 damit begonnen, BNI in Deutschland zum Erfolg zu bringen, weil ich von der BNI-Philosophie Givers Gain® überzeugt war und es bis heute geblieben bin. Ich verfüge über zwölf Jahre Erfahrung in der Automobilindustrie, in München, den USA und in Stuttgart. Ich stand auf allen drei Seiten: Hersteller, Zulieferer, Berater. Warum sollte man diese Erfahrung brach liegen lassen? Ich stellte mir die Frage: Kann ich morgens noch in den Spiegel schauen und die Aufgaben und Entscheidungen, die ich ausführen muss, mit ruhigem Gewissen treffen? Ich wollte gemeinsam mit Menschen arbeiten, die in die gleiche Richtung ziehen – ohne Politik und Korruption. Fast mein gesamter Freundeskreis hat mir von meinem Entschluss abgeraten. Betriebsberater bei der Industrie- und Handelskammer haben die Aussage gemacht *„So etwas brauchen wir hier nicht, ich empfehle Ihnen, Ihren Job bei Porsche zu behalten."*

Trotz allem habe ich mich dafür entscheiden, etwas Neues zu beginnen. Heute – zehn Jahre später – bestätigt sich meine Entscheidung immer wieder. Auch wenn es nicht einfach war. Mein Ruf als Ingenieur und Berater in der Automobilbranche konnte sich sehen lassen. Ich war gerade einmal Anfang 30, bezog ein sechsstelliges Jahresgehalt und hatte einen 911er als Dienstwagen – was will man mehr?

Mit dem Neustart von BNI wurde ich in Deutschland und in Stuttgart zu einem Niemand – zudem hatte ich nie in Stuttgart gelebt. Mein privates Umfeld existierte entweder noch in den USA oder in München. Bei jeder zweiten Informations- veranstaltung wurde ich gefragt, wer wohl das Geld für die Mitgliedschaftsgebühr einsteckt und ob ich mich einer Sekte angeschlossen hätte. So ein Schwachsinn!! Ich weiß, dass in Deutschland die Dienstleistung meist nicht honoriert wird. Und nun startete ich etwas gänzlich Unbekanntes. Kommt Ihnen die Redewendung *„Was der Bauer nicht kennt, das frisst er nicht"* bekannt vor?

Glauben Sie mir, auch wenn ich Bücher über Networking, Persönlichkeits- entwicklung etc. gelesen hatte, war ich nicht wirklich gewappnet auf das, was mich in der Praxis erwartete. Von offenen Armen und rotem Teppich konnte keine Rede sein. Konkret – ich hatte keinen Ruf in der Branche, ich hatte kein Netzwerk im direkten Umfeld und es eilte mir ein Ruf voraus, der nicht zu meinen Gunsten war. Wie schaffen Sie es dann trotzdem, dass Sie beim Netzwerken Ihren Ruf nach vorne bringen können?

Hören Sie auf Ihre innere Stimme, handeln Sie integer und kommunizieren Sie klar Ihre Absicht.

Zu Beginn habe ich immer gesagt *„Nein, ich will Ihnen nichts verkaufen".* Keine Ahnung, was mich geritten hat, denn das war die größte Lüge. Natürlich will ich etwas verkaufen und ich weiß auch, dass diese Sache gut ist und funktioniert. Doch muss ich es erst einmal beweisen und gut in meinem Job sein, damit mein Ruf positiv bestätigt wird.

Wenn Ihnen jemand erzählt, er betreibe Netzwerken nur aus Langeweile und weil er etwas Gutes bewegen will, dann ist diese Person entweder pleite, lügt oder ist tatsächlich im Club der Millionäre. Obwohl – auch Millionäre netzwerken, denn gerade sie wissen, dass Kontakte das A und O sind.

Bringen Sie sich ein

Ich war und bin natürlich nicht nur bei BNI engagiert. Es gibt auch andere gute Netzwerke. Entscheidend ist, wie und ob Sie sich in diesen Netzwerken engagieren. Im Jahr 2004 wollte ich einem Netzwerk beitreten und bevor ich offiziell aufgenommen wurde, hat man mich bereits in den Vorstand gewählt. Wie geht das denn? Bestimmt nicht, weil alle mich und meine BNI-Idee so toll fanden. Nein, die meisten haben sehr schnell erkannt, dass ich etwas bewegen will, vorankommen will, Energie und Engagement mitbringe und ihrem Netzwerk Nutzen bieten kann. Was passiert dann? Sie müssen Ergebnisse liefern, damit die Beteiligten positiv über Sie reden. Aber – Ergebnisse liefern können heutzutage wirklich nur die wenigsten. Darüber reden – das können fast alle!

Keine Angst vor konsequentem Handeln

Mein Lieblingsthema! Schlüsseln wir zunächst den Begriff auf: *„Kon"* heißt *„mit"* und *„Sequenz"* heißt *„Folge"* oder *„Abfolge, Reihenfolge"*. Konkret bedeutet konsequentes Handeln: Handeln mit Folge. Für die meisten Menschen bedeutet es eine große Herausforderung zu handeln. Wenn Sie dann handeln, ist es für Ihren Ruf entscheidend, dass Sie auch konsequent handeln. Sonst ist Ihr Ruf wirklich schnell dahin, denn jeder weiß, dass nichts passiert (Handeln ohne Folge). Und bitte verwechseln Sie konsequentes Handeln nicht mit drohen oder schmieren – dies würde in Konflikt zum ersten Punkt stehen! Denken Sie immer daran, dass es auch beim Engagement eine Grenze geben muss. Auch ich habe dies sehr häufig und bitter am eigenen Leib erfahren müssen – speziell weil wir bei uns im Netzwerk die Philosophie haben *„wer gibt, gewinnt"*, doch irgendwann muss auch hier eine Grenze gesetzt werden, sonst bleibt man selbst auf der Strecke.

Person, Sache, Bedeutung

Ihr Ruf wird immer von einer Person zur nächsten transportiert, manchmal auch von einer Person zu mehreren anderen – speziell wenn gewisse Medien eingesetzt werden. Fast immer sind diese Äußerungen subjektiv. Förderlich für den Ruf ist, wenn Sie Person, Sache und Bedeutung voneinander trennen können. Hier ein Beispiel: Sie haben schon einmal einen Kunden verloren oder sich von einem Kunden getrennt, weil es Probleme gab? Sie kennen nicht immer alle Umstände, doch Sie haben immer die Wahl, welche Bedeutung Sie der Sache und der damit verbundenen Person geben. Auch wir haben schon Kunden verloren und dies aus den unterschiedlichsten Gründen. Mein größter Fehler war, dass ich dieses Element nicht von Anfang an in den gesamten Verkaufsprozess und ins Networking integriert habe. Wenn ich einen Kunden verloren habe, habe ich mich immer schlecht gefühlt und die Schuld bei mir gesucht. Im einen oder anderen Fall war dies richtig, doch manchmal kennen Sie nicht alle Faktoren oder können diese nicht beeinflussen. Deshalb ist es sinnvoll, die Sache nüchtern und analytisch zu betrachten, sich von der Person zu lösen und dem Ganzen keine zu große Bedeutung beizumessen. Das wird Ihren Ruf positiv beeinflussen. Hier einige Beispiele:

- Ihr Kunde kauft nicht: Analysieren Sie, was Sie aus dieser Situation lernen können, trennen Sie sich auf Augenhöhe, denn Sie wissen nicht, wen der Kunde kennt und ob er nicht zu einem späteren Zeitpunkt doch bei Ihnen kauft.
- Ihr Kunde trennt sich von Ihnen: Prüfen Sie, warum das passiert ist und was Sie daraus lernen können. Gehen Sie sachlich auseinander und fragen Sie, ob Sie unverbindlich in Kontakt bleiben können. Vielleicht kommt der Kunde in fünf Jahren wieder, weil sich Ihr Ruf so verbessert hat und seine besten Partner bei Ihnen bereits Kunde sind.

Kommt es bei Netzwerkkontakten zu einer Trennung, wird nicht selten das mühselig Aufgebaute schnell und gründlich zerstört – ich kann Ihnen hiervon ein Lied singen! Beim Netzwerken haben Sie es immer mit Menschen zu tun. Deshalb besteht die Kunst darin, seine Emotionen zu beherrschen und die Energie in die richtigen Bahnen zu lenken.

Erstens: Suchen Sie zuerst den persönlichen Dialog mit den Entscheidern (telefonisch oder im persönlichen Gespräch).

Zweitens: Danken Sie den Beteiligten schriftlich für die guten Dinge – und diese gibt es immer – und unterstreichen Sie, was Sie gemeinsam erreicht haben.

Drittens: Lassen Sie los, schauen Sie nicht zurück – nur so können neue Türen aufgehen. Waschen Sie vor allem keine schmutzige Wäsche, denn dies fällt früher oder später auf Sie zurück. Sie wissen ja – Energie folgt der Aufmerksamkeit. Keine zwei Tage nachdem ich den Aufhebungsvertrag bei Porsche unterschrieben hatte, erhielt ich ein Angebot eines Kunden als Partner für ihn tätig zu werden. Konnte ich damit rechnen? Nein. Doch ich hatte mit der Vergangenheit abgeschlossen und ließ damit neue Möglichkeiten zu.

Ein Kunde, der bei mir einen außergewöhnlichen Eindruck als Netzwerkpartner hinterlassen hat, war Alfred Kiess, Inhaber eines Stuttgarter Innenausbau-unternehmens. Nach mehrjährigem Engagement in einem unserer Teams hat er sich aus verschiedenen Gründen verabschiedet. Nicht nur, dass er dies respektvoll allen Beteiligten gegenüber kommunizierte – nein, er hat sich auch persönlich um einen Nachfolger für seine Berufskategorie gekümmert. Das ist eines der schönsten Beispiele, wie Sie Ihren Ruf beim Netzwerken nach vorne bringen können, auch wenn für Sie persönlich die Zeit gekommen ist, Ihr Engagement zu beenden.

GUNTHER T. VERLEGER: Herr Misner, Sie haben das Netzwerk BNI 1985 ins Leben gerufen und sind nun fast drei Jahrzehnte am Markt etabliert. Wie gut ist die Reputation in Ihrer Branche?

DR. IVAN MISNER: Generell ist die Reputation in unserer Branche meiner Meinung nach gut. Allerdings gibt es wie wohl in jeder Branche eine extreme Bandbreite an Meinungen – die Skala reicht von „ich liebe es, bin begeistert dafür" bis hin zu „ich hasse es, lassen Sie mich bloß damit in Ruhe". Und der Grund hierfür ist in unserer Branche auch bekannt. Wir haben festgestellt, dass bei vielen Menschen die Übernahme von Verantwortung auch Angst oder Ängstlichkeit auslöst!

In erfolgreichen BNI-Unternehmerteams werden zwangsläufig auch Freundschaften geschlossen. Das ist zugleich eine der Stärken und eine der Schwächen der Teams. Warum? Der Punkt ist: Freunde fordern von Freunden ***keine*** *Verantwortung ein, sie nehmen sie nicht in die Pflicht, denn sie sind ja Freunde und wollen dies auch bleiben. Doch wir bei BNI sind keine*

Freundschaftsorganisation sondern „DIE Organisation für Geschäfts-empfehlungen". Und immer wenn es um Geschäftsempfehlungen geht, ist der Schlüssel für den Erfolg, verbindlich Verantwortung zu übernehmen. Wir mussten schon feststellen, wie schnell ein Unternehmerteamtreffen zum Kaffee-kränzchen verkümmert, wenn keiner Verantwortung übernimmt und ein ge-wisses Regelwerk nicht eingehalten wird.

Auch wenn sich manchmal Interessenten, Gäste oder auch Mitglieder an der einen oder anderen klaren Regel von BNI stören, es gibt keine andere Möglichkeit, eine Organisation oder ein Unternehmerteam für Geschäfts-empfehlungen zu leiten und erfolgreich zu machen, als dass die Beteiligten Verantwortung leben. Und die Umsetzung dieser Verantwortung benötigt eben klare Regeln.

*Aus meiner Erfahrung kann ich sagen, dass es eigentlich **nicht** die Regeln selbst sind, die die Probleme kreieren, sondern die Art, wie sie vermittelt und angewandt werden. Nicht jeder ist in der Lage, die Regeln auf eine klare, wertschätzende, respektvolle und professionelle Art zu kommunizieren. Und selbst wenn er dies kann, gibt es eben immer noch Menschen, die grundsätzlich keine Regeln akzeptieren wollen. Somit sind wir zur Erkenntnis gekommen, dass die meisten Menschen, die BNI nicht mögen, niemals gute Mitglieder werden würden, weil sie aufgrund ihrer Persönlichkeitsstruktur ungern Verantwortung übernehmen. Auf der anderen Seite stehen die Menschen, die BNI toll finden, die wissen, dass Erfolg mit harter Arbeit zu tun hat, die wissen, dass es Verantwortlichkeit braucht und die bereit sind, für ihren guten Ruf aktiv etwas zu tun.*

GUNTHER T. VERLEGER: Welchen Effekt hat der gute Ruf auf die Netzwerkaktivitäten und auch auf die Verkaufszahlen eines Unternehmens?

DR. IVAN MISNER: Ich denke, dass es beim Netzwerken extrem wichtig ist, einen guten Ruf zu genießen. Der gute Ruf ist der Schlüssel – Vertrauen ist der Schlüssel. Es gibt hierzu ein wirklich empfehlenswertes Buch Schnelligkeit durch Vertrauen von Steven M. R. Covey. Steven Covey war 2011 Gastredner auf unserer Konferenz. In seinem Buch vergleicht er Vertrauen mit einer Währung. Wir sprechen von sozialem Kapital bei unseren Netzwerk-beziehungen, denn wir können bei guten Beziehungen zu anderen Menschen auch um etwas bitten und so einen Nutzen erzielen – so wie wir uns für finanzielles Kapital etwas kaufen können. Hierzu ein praktisches Beispiel. Ich habe soziales Kapital mit einem Bestseller-Autor aufgebaut, dessen Bücher in über einhundert Sprachen übersetzt wurden. Vor kurzem habe ich eine Dankeskarte von ihm erhalten, weil ich ihn dabei unterstützt hatte, ein weiteres Buch an die erste Stelle der Bestsellerliste des Wall Street Journals zu bringen. Dies ist ein Beispiel wie man soziales Kapital aufbauen kann. Wenn ich ihn nun irgendwann selbst um einen Gefallen bitten würde, vielleicht, dass er für eines meiner Bücher eine Referenz schreiben soll, bin ich mir sicher, dass er dies jederzeit tun würde. Was ich damit ausdrücken will, ist, dass sich auch soziales Kapital wie finanzielles Kapital auszahlen kann. Und genau das meint Steven M. R. Covey, wenn er sagt, dass Vertrauen eine Währung ist.

JÜRGEN LINSENMAIER: Kann man dann auch im Umkehrschluss sagen, dass auch ein guter Ruf mit einer starken Währung vergleichbar ist, obwohl man diesen Ruf nicht so messen kann wie die Stärke einer Währung?

DR. IVAN MISNER: Richtig, man kann es nur sehr schwer messen. Doch es hat auf gar keinen Fall weniger Wert oder eine geringere Bedeutung.

JÜRGEN LINSENMAIER: Und dies ist wohl auch der Grund, warum viele Unternehmen den Wert der Reputation nicht als positiven Teil ihrer Unternehmensbilanz werten?

DR. IVAN MISNER: Ja, und gerade weil es schwer messbar ist, wird es an der Hochschule nicht gelehrt und von vielen großen Konzernen nicht verstanden. Es ist natürlich leichter, die Anzahl von Akquiseanrufen zu messen als die Netzwerkfähigkeiten der Menschen oder die Reputation des Unternehmens.

GUNTHER T. VERLEGER: Sie haben in 27 Jahren viele Artikel und Bücher geschrieben. Eine ganze Reihe davon hat es auf die Bestseller-Listen großer Magazine geschafft. Eines davon ist „Wahrheit oder Fiktion - Die größten Mythen über Netzwerken und Ihr Wahrheitsgehalt", in dem Sie die Aussage treffen „Mundpropaganda funktioniert immer – allerdings nicht immer zu Ihren Gunsten". Welches spezifische Element können Unternehmer einsetzen, um positive Mundpropaganda auszulösen, also dass Kunden und Freunde aktiv und positiv über eine Firma sprechen?

DR. IVAN MISNER: Die Menschen reden immer. Und sie reden leider mehr über einen, wenn sie sauer sind, als wenn sie zufrieden sind. Meiner Meinung nach kann man negatives Gerede nur über solide und tiefe persönliche

Beziehungen ausgleichen oder sogar aufheben, Beziehungen sowohl zu den Kunden als auch zu den Empfehlungskooperationspartnern.

Leider versteht die große Mehrheit der Unternehmer nicht, was Netzwerken tatsächlich bedeutet. Ich habe vor einigen Jahren in London einen Vortrag vor rund 900 Unternehmern gehalten. Zum Einstieg habe ich die Frage an das Publikum gestellt „Wie viele von Ihnen sind heute hierhergekommen, um etwas zu verkaufen?" Auf diese Fragen hat fast jeder im Raum die Hand gehoben. Dann habe ich die zweite Frage gestellt: „Und wie viele von Ihnen sind heute hierhergekommen in der Hoffnung etwas zu kaufen?" Und hier hat fast keiner die Hand gehoben! Um diese Lücke zu schließen, empfiehlt sich das Netzwerken, weil es dabei mehr um das Kultivieren und Pflegen von Beziehungen zu anderen Unternehmern und weniger um das Jagen nach neuen Aufträgen geht.

*Deshalb ist es auch wichtig, seine Kontakte und Netzwerke zu diversifizieren. Viele wundern sich, dass ich als Gründer von BNI unseren Kunden und Mitgliedern empfehle, sich aktiv in Kammern oder Service-Clubs wie Rotary, Lions oder Kiwanis zu engagieren ebenso wie in Wissensnetzwerken und speziellen Online-Gruppen. Diversifikation ist der Schlüssel – also **nicht** „entweder oder" sondern „und". Je unterschiedlicher die Vereinigungen und deren Interessen sind, desto vorteilhafter. Erfolgreiche Unternehmer mit einem starken persönlichen Netzwerk verbringen im Durchschnitt sechs bis acht Stunden in der Woche nur damit, Beziehungen und das Netzwerk zu pflegen. Diese Zahlen sind belegbar – wir haben für unser letztes Buch über 12 000 Unternehmer dazu befragt. Um das klar zu stellen: Sechs bis acht Stunden an Netzwerkaktivitäten gelten für Unternehmer, die den Anspruch haben, Durchschnitt zu sein. Wollen Sie besser sein als der Durchschnitt, müssen Sie mehr Zeit dafür investieren.*

JÜRGEN LINSENMAIER: Sechs bis acht Stunden sind fast ein gesamter Arbeitstag!

DR. IVAN MISNER: Die meisten Unternehmer versuchen, ihr Netzwerk sehr breit zu streuen. Bildlich gesehen: Wenn das Netzwerk einen Kilometer breit ist, dabei allerdings nur ein bis zwei Zentimeter tief, ist es nicht besonders stark und stabil. Auch hier liegt die Betonung wiederum auf dem UND: Das Netzwerk muss breit UND tief sein. Tief heißt, dass die Beziehungen wirklich sehr, sehr stark sein müssen. Vergleichen Sie Ihr Netzwerk mit Bäumen: Es gibt Tiefwurzler, wie die meisten Laubbäume, und Flachwurzler, wie viele Nadelbäume. Und jetzt überlegen Sie sich, welche Bäume einen Sturm vom Ausmaß eines Lothar aus dem Jahr 1999 überstanden haben, doch wohl eher die Tiefwurzler. Und so ist das auch mit Ihrem Netzwerk: Wenn es sehr breit und dabei nicht besonders tief und stabil ist, werden Sie in stürmischen Zeiten extreme Probleme und Schwierigkeiten bekommen.

GUNTHER T. VERLEGER: Wir haben hier in Deutschland viele innovative kleine und mittelständische Unternehmen, die mit dem Gedanken spielen, ins Ausland zu expandieren. Was würden Sie diesen Unternehmern mit Ihrer fast dreißigjährigen Erfahrung in mehr als fünfzig Ländern empfehlen? Was sollten sie beachten, um von Beginn an einen guten Ruf zu etablieren?

DR. IVAN MISNER: Aus meiner Sicht gibt es zwei wichtige Punkte. Erstens: Die Unternehmer sollten das neue Land mit Menschen aus dem neuen Land erschließen und aufbauen. Es ist wichtig, die Sprache zu sprechen sowie Kultur und die landesspezifischen Eigenheiten aus eigener Erfahrung zu kennen. Deshalb benötigen diese Unternehmer die Unterstützung von Menschen, die, wenn Sie nicht dort geboren sind, zumindest wirklich viele, viele Jahre dort gelebt haben und die Geschäftswelt kennen.
Zweitens: Die Unternehmen müssen für sich zunächst die Kernwerte der Firma und der Kunden definieren. Hier geht es darum, die kulturellen Unterschiede zu akzeptieren und eventuelle Hürden, die durch diese kulturellen Unterschiede entstehen, zu überwinden. Wir haben bei uns den Spruch:

Verschiedene Menschen – verschiedene Orte,
verschiedene Länder – verschiedene Kulturen,
verschiedene Abstammungen – verschiedene Religionen,
- wir alle sprechen die Sprache der Empfehlungen und
wir alle wollen Geschäfte auf der Basis von Vertrauen tätigen.

Und genau diese beiden Dinge – die Sprache der Empfehlungen und Geschäfte auf der Basis von Vertrauen – überwinden die kulturellen Unterschiede. Der Kernwert unseres Unternehmens ist Vertrauen. Und dieser Wert ist universell und hat für Unternehmer aller Kulturen Gültigkeit. Mit dem Vertrauen erlangen Sie einen guten Ruf, und dieser führt dazu, dass Sie empfehlenswert sind. Damit sind wir bei den zwei wichtigsten Elementen, die unser Unternehmen ausmachen.

JÜRGEN LINSENMAIER: Netzwerken ist ein nicht einfach zu definierender Begriff und wird häufig auch von den Multi-Level-Organisationen verwendet,

die teilweise aggressiv und aufdringlich vorgehen. Wie können sich „echte"
Netzwerker davor schützen, mit diesen Praktiken in einen Topf geworfen zu
werden?

DR. IVAN MISNER: Der Schlüssel liegt im Unterschied. Für uns bei BNI
liegt der Unterschied in unserer Philosophie, „Wer gibt, gewinnt" (Givers
Gain^R), also der Idee, dass der einzige Weg, um Geschäft zu erhalten der ist,
Geschäft zu geben.
Sie müssen sich von den anderen ganz klar unterscheiden und diesen
Unterschied auch für Laien klar herausstellen. Und dies geht am besten
darüber, dass die Menschen selbst sehen, wie bei uns Geschäfte gemacht
werden.
Übrigens bin ich der festen Überzeugung, dass ein Unternehmer auf lange
Sicht niemals erfolgreich sein wird, wenn er aufdringlich handelt. Der Erfolg
wird sich viel besser etablieren und von selbst verstärken, wenn man das
Gefühl von Exklusivität vermittelt. So nehmen wir zum Beispiel nicht jeden
Bewerber als Mitglied auf. Wir können nur mit Menschen zusammenarbeiten,
die eine hohe Verbindlichkeit eingehen und ganz klares, langfristiges Interesse
haben. Bei uns wird allen von Anfang an sehr klar gemacht, dass man bereit
sein muss, den VCP^R-Prozess zu durchlaufen. Erst wenn die Unternehmer eine
längere Zeit sichtbar sind und dann bereit sind, durch ihre Sichtbarkeit die
eigene Glaubwürdigkeit unter Beweis zu stellen, können sie von der
Glaubwürdigkeit zur Rentabilität gelangen. Dies ist ein ganz klares Unter-
scheidungsmerkmal.

GUNTHER T. VERLEGER: Einer der bekanntesten Punkte auf den Tage-
sordnungen Ihrer Konferenzen ist der Punkt „Rumor control", den man in etwa
übersetzen könnte mit „Was gibt es Neues in der Gerüchteküche?". Dies ist
bestimmt eine geniale Idee – für Konferenzen und Tagungen. Jedoch, welche
Möglichkeiten haben Unternehmer, Gerüchte „zu kontrollieren", sie
klarzustellen oder in die richtigen Bahnen zu lenken?

DR. IVAN MISNER: Nun gut, Gerüchte vollständig zu kontrollieren wird
niemals möglich sein. Menschen – ob Kunden, Mitarbeiter oder andere –
haben einfach ein persönliches Eigeninteresse an ihrer eigenen Haltung und
Meinung. Einige haben sogar eine weit überzogene Haltung und dramatisieren
zu stark. Ich persönlich bin ein Freund der direkten, offenen und persönlichen
Kommunikation. Ich glaube fest daran, dass dadurch am meisten bewegt
werden kann. Wenn ich mit einer Person unzufrieden bin, sage ich es dieser

Person direct – Punkt. Und das kann ich jedem nur raten: Wenn sie mit jemanden nicht zufrieden sind, der auf Sie oder Ihre Firma einen Einfluss hat – teilen Sie es ihm direkt mit!

Gerüchte entstehen häufig, wenn Menschen mit einer getroffenen Entscheidung nicht zufrieden sind. Doch bevor sie dies dem Entscheidungsverantwortlichen selbst mitteilen, gehen sie lieber den Weg, Gerüchte zu streuen oder eine Entscheidung zu hintergehen – das ist der einfachere, der leichtere Weg. Aus diesem Grunde sage ich jedem – wenn Sie ein Problem mit einer Entscheidung haben, dann sprechen Sie mit mir direkt. Denn große Dramen sind der Killer für jede Organisation.

Vielleicht muss man auch lernen, die Netzwerkpartner, mit denen man sich umgibt, besser zu selektieren. Ein guter Freund von mir, Steward Emery, schreibt derzeit an einem Buch, das den Titel haben wird „Who is in your room?", was man übersetzen könnte mit „Wer befindet sich in Ihrer unmittelbaren Umgebung?". Er empfiehlt bei der Auswahl seiner Beziehungen folgende Überlegung anzustellen: Stellen Sie sich vor, Ihre engste Umgebung sei ein Raum, zu dem es lediglich einen Zugang, allerdings keinen Ausgang gibt. Denken Sie nicht, dass Sie in diesem Fall nur Menschen den Zutritt zu Ihrem persönlichen Umfeld gewähren würden, von denen Sie auch wirklich zu einhundert Prozent überzeugt wären?

Um nun auf Ihre Ausgangsfrage zurückzukommen: Menschen, die gerne Gerüchte verbreiten und Menschen, die gerne Dramen beginnen, sollten Sie nicht an sich oder Ihr engstes persönliches Umfeld lassen! Sie können hier gar nicht selektiv genug sein. Und noch eines ist wichtig: Gerüchte entstehen meist durch fehlende Kommunikation und mangelhafte Transparenz.

Verhaltensweisen, die Ihrem guten Ruf beim Netzwerken dienlich sind

- Bleiben Sie in Kontakt.
- Stellen Sie die richtigen Fragen.
- Stehen Sie zu Ihrem Wort. Tun Sie dies nicht, wird es sich weiter und länger herumsprechen, als Sie es sich wünschen könnten.
- Hören Sie hin.
- Handeln Sie mit helfender Absicht.
- Schenken Sie einen Mehrwert, bieten Sie einen Nutzen.
- Achten Sie auf die Sequenz: Dienen kommt auch im Alphabet schon vor dem Verdienen.

- Ohne *rapport* kein Rapport. Rapport kommt aus dem Französischen und heißt Beziehung, Verbindung, gleiche Wellenlänge. Im Handwerk versteht man unter Rapport einen Bericht oder einen Auftrag zu schreiben. Ohne eine Beziehung zum Kunden zu haben, erhalten Sie folglich keine Aufträge.

Sie wollen mit Netzwerken Ihren Ruf verbessern? Sie wollen aber natürlich auch verkaufen? Wir haben den Zusammenhang zwischen Netzwerken und Verkauf bereits ausführlich im Kapitel *„Verkaufen: Haben Sie einen Kunden schon einmal „wow" sagen hören?"* besprochen. Hier noch ein paar Anregungen: Sie waren bestimmt schon einmal auf einer Veranstaltung, die dem Netzwerkgedanken gedient hat und jemand hat versucht, Ihnen etwas zu verkaufen. Sie waren bestimmt auch schon einmal auf einer Veranstaltung und haben etwas gekauft, oder? Prüfen Sie bitte für sich selbst, ob Sie folgende Themen und Begriffe klar voneinander trennen können:

- Hat der Tag etwas mit der Nacht zu tun?
- Dürfen Sie beim Essen etwas trinken?
- Kann Verkauf ohne Marketing stattfinden?
- Brauchen Sie eine Batterie oder einen Akku, um Ihr Smartphone zu benutzen?
- Werden Bücher geschrieben, weil man nur Gedanken zu Papier bringen möchte?
- Ist die Hardware oder die Software wichtiger?

Die Liste können Sie selbst fortführen. Netzwerken und Verkaufen lassen sich nicht streng trennen – sie haben Berührungspunkte und gehen teilweise ineinander über. Im Englischen werden Abteilungen auch häufig Sales AND Marketing genannt. Netzwerken ist ein Marketing-Werkzeug. Und Marketing hat den Zweck, den Verkauf einzuleiten oder zu vollenden. Was die meisten Menschen – mich inbegriffen – jedoch stört ist, wenn wildfremde Menschen eine Verkaufsansprache starten, ohne die einzelnen Elemente des Netzwerkens zu beachten. Man kann dies immer wieder auf Veranstaltungen oder bei persönlichen Begegnungen beobachten. Hier wird ein Grundbaustein für einen negativen Ruf gelegt.

Netzwerken und Verkauf gehören zusammen. Um einen guten Ruf beim Netzwerken zu bekommen und damit dann letztendlich die Entscheidung des Käufers positiv zu beeinflussen, benötigt der Netzwerker eine sensible Wahrnehmung.

**Meine Gedanken/Anregungen/Ideen/Erkenntnisse
zur Verbesserung des Rufes im Bereich Networking:**

Ihr guter Ruf verkauft! Sonst nichts. **111**

Kooperation:
Kennen Sie Ihren Metzger?

Im Duden oder auf Wikipedia wird Kooperation mit Zusammenarbeit oder Mitwirkung bezeichnet. Arbeiten mehrere Parteien zusammen an einem Projekt und erfordert dies eine gemeinsame Arbeitsanstrengung, wird von Kollaboration gesprochen. Kooperieren Personengruppen, die einander kennen, wird dies als Vernetzung bezeichnet.

Im Grunde genommen sind wir heutzutage alle miteinander vernetzt – ob technisch mit IT-Systemen, dem Internet, unterschiedlichen Datenbanken oder mit Dienstleistern, Kunden oder anderen Partnern. Die einen praktizieren dies weniger bewusst – dann ist wirklich noch viel Potential vorhanden – die anderen forcieren es mit Bravour. Edgar Geffroy hat es schon Anfang des 21. Jahrhunderts ausgesprochen: *„Heute gewinnt keiner mehr allein!"*. Ob Sie nun Formel-1-Rennfahrer, Politiker oder *„Mr. Google"* sind – machen Sie sich dies zunutze und ziehen Sie ganz klar eine Grenze, wie weit Ihre Kooperation, Kollaboration oder Vernetzung reicht. Beginnen wir mit den Elementen, die Ihren Ruf durch Kooperationen nach vorne bringen können.

Kooperationen zur Verbesserung der Außenwirkung

Wenn Sie Dienstleister im IT-Bereich sind und vorwiegend Microsoft-Produkte betreuen, werden Sie einen Vorteil und positiven Einfluss auf Ihre Kundschaft haben, wenn Sie ein offiziell zertifizierter Kooperationspartner von Microsoft sind. Microsoft erteilt Ihnen damit ein *„Gütesiegel"*, dass Sie Microsoft-Produkte mit Kompetenz betreuen und vertreiben.

Wenn Sie als Unternehmer Dienstleister in Ihre Arbeitsabläufe integrieren, beispielsweise zur Abwicklung von Zahlungsmöglichkeiten (EC, Lastschrift, Kreditkarten, Click&Buy oder PayPal), können Sie Ihren Ruf positiv beeinflussen, da Sie Ihrem Kunden die freie Wahl lassen, welche Zahlungsart er für sich als die Beste ansieht. Sollte einer dieser Dienstleister nun allerdings wegen unzuverlässiger Abwicklung in Verruf geraten, hat dies auf Ihren Ruf eine negative Auswirkung. Themen wie Diebstahl sensibler und vertraulicher Bankdaten im großen Stil können äußerst kritisch sein.

Kooperationen, bei denen Sie Abwicklung und Produkte nicht wirklich selbst beeinflussen können, sollten Sie selbstverständlich ernsthaft prüfen, damit sich Ihr Ruf verbessert und die Kunden WEGEN dieser Kooperation speziell bei Ihnen kaufen oder dies häufiger tun.

Kooperationen zur Erweiterung des Dienstleistungsspektrums

Kooperationen, bei denen es wirklich darauf ankommt, wie gut Sie und Ihr Partner MIT-einander-WIRKEN und zusammenarbeiten, helfen Ihnen, Ihren Ruf zu verbessern, wenn Sie dadurch Ihr Dienstleistungsspektrum erweitern. Die Qualität muss allerdings mindestens auf dem gleichen Niveau gehalten werden. Besser ist natürlich, wenn die Gesamtqualität durch die Kooperation steigt oder zusätzlicher Kundennutzen entsteht, wie eine verkürzte Projektlaufzeit, besserer Service, geringere Kosten etc. Ein einfaches und plakatives Beispiel ist die Zusammenarbeit verschiedener Handwerker: Auf einer Baustelle sollten die unterschiedlichen Gewerke miteinander kooperieren und tatsächlich kollaborieren im vorher genannten Sinn. Der Elektriker sollte mit dem Maler zusammenarbeiten, der Flaschner mit dem Maurer, der Küchenbauer mit dem Fliesenleger – Sie verstehen schon. In der Werbung ist dies ähnlich: die Werbeagentur mit der Druckerei, der Webdesigner mit dem Datenbankprogrammierer, der PR-Spezialist mit der Eventagentur etc. pp. Das gilt auch für den Finanzbereich: der Vermögensberater mit dem Steuerberater, der Immobilienmakler mit dem Notar, der Rechtsanwalt mit dem Versicherungsagenten usw.

Dass eine solche Kollaboration beim Kunden wirklich positiv ankommt, zeigt ein leicht verständliches Beispiel aus dem Gesundheitsbereich. Stellen Sie sich vor, Sie haben sich entschieden, sich einer Operation im Krankenhaus zu unterziehen, sich beispielsweise ein künstliches Gelenk einsetzen zu lassen. Hier ist die Kooperation lebensnotwendig. Der Chirurg muss mit dem Orthopäden zusammen-arbeiten und zusammenwirken. Die OP-Schwestern müssen genauso mit dem Stationspersonal zusammenarbeiten und zusammenwirken. Wenn hier nur einer die Einstellung hat, dass er nicht über seinen direkten Bereich hinausdenken muss, hat das entscheidende Folgen für den Patienten (Kunden). Genauso ist es in Ihrem Bereich. Wenn Sie nicht kooperieren oder Ihre Partner nicht mit Ihnen kooperieren, hat dies entscheidende Folgen für Ihren Kunden (Patienten). In den meisten Fällen zwar für den Kunden keine lebensbedrohlichen, für Sie vielleicht früher oder später schon. Denn wenn Sie den Kunden verlieren, *weil* die Kooperation nicht geklappt hat, müssen Sie neue Kunden gewinnen.

Jetzt werden Sie in Ihrem Berufsleben wahrscheinlich nicht jeden Tag Operationen am offenen Herzen durchführen. Wenn Sie aber die Haltung haben, dass Sie durch eine Kooperation Ihrem Kunden mehr Nutzen bieten können UND für die Abwicklung der Dienstleistung Ihrer Kooperationspartner verantwortlich handeln, trägt dies zur Verbesserung Ihres Rufs bei. Und genau an diesem Punkt scheitern viele Kooperationen: Nicht alle übernehmen die hundertprozentige Verantwortung für ihr eigenes Handeln und noch viel weniger übernehmen Verantwortung für das Handeln des Kooperationspartners. Das heißt beileibe nicht, dass Sie die Arbeit Ihrer Kooperationspartner erledigen sollen, aber alle Kooperationspartner müssen sich sowohl klar über den Zweck der Zusammenarbeit sein als auch über die Tatsache, dass sie gemeinsam in einem Boot sitzen und entsprechend den Anforderungen entscheiden, welcher Kurs gewählt wird. Dann kommen Sie auch sicher im Zielhafen an und kentern nicht auf hoher See. Aus diesem Grunde prüfen Sie, ob Ihre Kooperationen wirkliche Partnerschaften sind, oder ob bei der Kooperation der Partner schaf(f)t, also Sie.

Reputationsauslöser für Kooperationen

Wie werden Kooperationen in der Praxis erfolgreich und haben einen positiven Einfluss auf Ihren Ruf?

1. Klären Sie, welchen Nutzen Ihr Kunde von einer Kooperation mit einem anderen Partner hätte UND welchen Nutzen Ihr Kooperationspartner und dessen Kunden von einer Kooperation mit Ihnen hätten.

2. Bedenken Sie die folgenden Punkte bei der Wahl Ihrer Kooperationspartner:

    a. Wer ist vor mir in der Prozesskette bei meinen Kunden? So findet der Einsatz des Maurers und des Architekten vor dem des Fliesenlegers statt.

    b. Wer wirkt zeitgleich mit mir? Der Sicherheitsdienst arbeitet mit der Eventagentur und dem Audio-Video-Spezialisten zusammen.

    c. Wer ist nach mir in der Prozesskette, also nachdem ich bereits „fertig" bin? Ein Personalvermittler könnte mit Trainingsorganisationen kooperieren, weil neue Mitarbeiter auch Schulungen benötigen, ein Umzugsunternehmen kann mit Malern oder anderen Handwerkern kooperieren.

    d. Welchen Ruf, welche Referenzen und welches Qualitätsniveau hat mein potentieller Kooperationspartner? Sind wir auf dem gleichen Level, bedienen wir ähnliche Kunden?

e. Nach welchen Werten handelt der Kooperationspartner? Handelt es sich um einen Jägertyp oder ist er langfristig orientiert? Ist er innovativ oder hält er an alten Dingen fest? Ist er auf Gewinnmaximierung ausgerichtet oder sieht er die Kostenthematik nicht so eng? Denkt er eher in Problemen oder in Lösungen? Ist ihm sein Ruf genauso wichtig wie Ihnen der ihre?

3. Bevor Sie eine Kooperation eingehen, klären Sie für sich die Exit-Strategie. Wie lange dauert es? Welche Kosten entstehen? Gibt es Abhängigkeiten? Welche Alternativen habe ich? Wenn Sie keine Exit-Möglichkeiten haben, ist es eher eine Abhängigkeit und keine Win-Win-Zusammenarbeit.

4. Beginnen Sie in erster Instanz mit kleineren Kooperationspaketen, damit Sie die Abwicklung in der Praxis tatsächlich testen und auf Herz und Nieren prüfen können. Dies mag zwar zu Beginn aufwendiger sein und länger dauern, doch Sie riskieren Ihren Ruf nicht auf ganzer Linie.

5. Gehen Sie Kooperation nur ein, wenn beide gewinnen können und beide einen Nutzen haben – eine Win-Lose-Situation ist keine Kooperation! Die besten Kooperation sind, wenn drei Parteien gewinnen: Ihr Kunde, Ihr Kooperationspartner und Sie selbst!

6. Sorgen Sie von Beginn an für Klarheit: Definieren Sie – wenn möglich schriftlich – wer was zu leisten hat und legen Sie fest, welche Konsequenzen eintreten, wenn diese Leistung nicht erbracht wird. Tun Sie dies nicht, driften Sie schnell in eine Partner-schaf(f)t ab.

7. Kontrollieren Sie immer wieder, wie die Kooperation in der Praxis gelebt wird. Ideen, die anfangs ganz toll geklungen haben, können nach Monaten oder Jahren zum Alptraum werden, wenn Sie sie nicht regelmäßig hinterfragen. Erkundigen Sie sich auch immer wieder bei Ihren Kunden, wie sie mit Ihren Kooperationspartnern zufrieden sind. Manchmal verändern sich nämlich auch die Kooperationspartner und deren Einstellungen über die Jahre. Ich habe im Jahr 2007 mit sieben Partnern eine Firma gegründet, um die Arbeit zu erleichtern und Kosten zu sparen. Nach zwei Jahren erfolgreicher Zusammenarbeit änderte sich das Interesse von zwei Partnern grundlegend, obwohl alles schriftlich definiert war. Wenn Sie mit der neuen Konstellation und den neuen Absichten nicht einverstanden sind, bleibt Ihnen nur der Exit.

Kooperationen können auch sehr erfolgreich sein, wenn Sie sich mit Ihrem Unternehmen wieder auf Ihr Kerngeschäft konzentrieren wollen und gewisse Geschäftsbereiche an andere Spezialisten „outsourcen". Nun möchten wir hier nicht das Thema „*outsourcen*" ausdehnen, doch bewerten Sie die folgenden Beispiele für sich selbst:

- Wenn Sie als Privatpatient zum Arzt gehen, erfolgt die Abrechnung zum größten Teil über eine privatärztliche Rechnungsstelle. Der Arzt hat also die Abwicklung der Rechnungserstellung und Zahlungsüberwachung an einen Dienstleister ausgelagert, der sich darauf spezialisiert hat. Der Arzt kann sich dadurch mit seinem Team besser auf seine Patienten konzentrieren.
- Wenn Sie eine Veranstaltung mit Teilnehmern, Eintrittskarten etc. planen, könnten Sie dies über den Dienstleister www.amiando.com abwickeln. Natürlich kostet dies etwas – doch vielleicht ist die Abwicklung einer Veranstaltung nicht Ihr Kerngeschäft und andere können es einfach schneller, professioneller – und Sie haben Luft für wichtigere Dinge.
- Wenn Sie in einem kleinen Unternehmen tätig sind, werden Sie viele Dinge wohl selbst oder über „*Eh-da-Personal*" (Schwester, Frau, Mutter, Bruder …) abwickeln, beispielsweise die Buchhaltung oder die Fuhrparkver-waltung. Wann würde es Sinn machen, dies an einen Spezialisten zu übergeben? Die Rechnung ist ganz einfach. Stellen Sie sich die folgenden Fragen: Wie viel Zeit benötigen Sie für die entsprechende Tätigkeit? Wie viel Geld könnten Sie zusätzlich verdienen, wenn Sie sich in dieser Zeit auf Verkauf und Marketing konzentrieren würden? Wenn diese Zusatz-einnahmen höher sind als der Betrag, den Ihnen Ihr Dienstleister in Rechnung stellt, sollten Sie ernsthaft erwägen, diese Dienstleistung an einen Spezialisten zu übergeben. Das einfachste Beispiel ist das Thema Putzfrau: Wie lange brauchen Sie zum Putzen? Wie hoch ist Ihr selbstgesetzter Stundensatz? Wie lange braucht eine Reinigungskraft und wie hoch ist der Stundensatz einer Reinigungskraft?

Wenn Sie also feststellen, dass die Abwicklung Ihres Kerngeschäfts leidet und damit Ihr Ruf gefährdet ist, weil Sie zu viel Zeit mit Aktivitäten verbringen, die auch ein Kooperationspartner machen könnte, ist für Sie der Zeitpunkt gekommen, darüber nachzudenken, einen guten Dienstleister einzuschalten. Ich habe zum Beispiel früher die Newsletter für meine Kunden immer selbst geschrieben. Da mir das Schreiben nicht so schnell von der Hand ging, habe ich alleine für den Newsletter drei bis vier Stunden benötigt. Vom Schreibstil ganz abgesehen, war dies nicht unbedingt wertvoll investierte Zeit. Nach einigen Jahren habe ich das Schreiben des Newsletters an eine meiner Geschäftspartnerinnen übergeben, die früher für Konzerne Presseberichte und andere Veröffentlichungen geschrieben hat. Ihr gebe ich telefonisch oder per E-Mail ein paar Stichpunkte und mit ihrem

Wissen um die Gesamtzusammenhänge unseres Unternehmens formuliert sie den Newsletter in kürzester Zeit und in einer Art und Weise, dass ich immer wieder Rückmeldung erhalte, wie wertvoll und gut er geschrieben ist. Nun glauben Sie bestimmt, dass ich dieses Buch auch durch einen Dienstleister oder Ghostwriter schreiben habe lassen. Nein, Sie brauchen keine Angst zu haben. Erstens habe ich keinen Doktortitel und zweitens ist dies mein erstes Buch und mit dem Namen Verleger muss man doch wirklich auch selbst einmal Verleger oder Autor sein, oder wie sehen Sie das?

Einer unserer Interviewpartner – Gerd Kulhavy, Vorsitzender der Geschäftsführung der Speakers Excellence Deutschland Holding GmbH – verdankt auch seiner Kooperationspartner-Strategie seinen kontinuierlichen Unternehmensfortschritt in den letzten elf Jahren. Was hat er hier aus der Praxis zu berichten:

GUNTHER T. VERLEGER: Der Ruf Ihres eigenen Unternehmens – wie wichtig ist er Ihnen und was glauben Sie, welchen Einfluss hat er auf die Verkaufszahlen oder den Verkaufsprozess?

GERD KULHAVY: Der Ruf ist in unserer Branche das A und O – unser Kapital. Warum? Als Referentenagentur ist unsere Dienstleistung die Vermittlung von Top-Referenten und herausragenden Persönlichkeiten aus Wirtschaft und Politik. Hierbei sind wir sowohl für den Kunden als auch für den Speaker ein Partner des Vertrauens. Die Voraussetzung ist natürlich der gute Name unseres Unternehmens, da sich beide Parteien im Vorfeld einer Zusammenarbeit über uns und unser Wirken informieren. Exzellente Referenzen und direkte Empfehlungen sind verkaufsfördernd und maßgeblich für den guten Ruf verantwortlich.

JÜRGEN LINSENMAIER: Ist es dann nicht sehr trivial und einfach als Referentenagentur mit gutem Ruf am Markt etabliert zu sein?

GERD KULHAVY: Aktuell gibt es zirka 25 Agenturen im deutschsprachigen Raum. Vor einigen Jahren wurde Speakers Excellence im Rahmen einer Studie der Hochschule Worms zur führenden Referentenagentur in Deutschland gewählt. Warum? Unser Leistungsspektrum hat sich in drei Punkten maßgeblich von den anderen unterschieden: Erstens: Wir haben emotionale Marktplätze geschaffen, das sind unsere Wissensforen, bei denen sich erfolgsorientierte Menschen treffen und Referenten in Impulsvorträgen live erleben. Zweitens: Als haptisches Instrument erhalten die Kunden als Nachschlagewerk und zur Orientierung die Top 100 Kataloge – Top 100 Excellent Speakers und Top 100 Excellent Trainers. Drittens unterstützen wie unsere Kunden bei der Auswahl des geeigneten Referenten bis zur Referentenbetreuung vor Ort. Durch diese Dreierkonstellation haben wir eine besondere Marketingpower entwickelt.

Wir haben also nicht gewartet bis der Ruf zu uns kam, sondern wir haben ihn aktiv gestaltet, indem wir Marken und Ansprüche aufgestellt haben.

In einer Zeit, in der es um den sogenannten „War of talents" geht, ist der gute Ruf eines Unternehmens besonders maßgeblich. Nehmen wir einen unserer Top 100 Referenten, Klaus Kobjoll mit seinem Hotel, den Schindlerhof. Er hat als Spitzenunternehmer ein exzellentes Hotel mit vielfachen Qualitätsauszeichnungen aufgebaut und sich somit einen hervor-ragenden Ruf erarbeitet. Aufgrund dessen erhält er wöchentlich viele Blindbewerbungen von Interessenten.

Und auch wir erkennen diese Entwicklung bei uns. Wir sind aktuell wieder auf der Suche nach neuen Auszubildenden und aufgrund unseres guten Rufes haben wir hier glücklicherweise einen enormen Zuspruch.

GUNTHER T. VERLEGER: Ist dieses Dreier-System, von dem Sie sprachen, auf andere Branchen übertragbar?

GERD KULHAVY: Das System ist multiplizierbar – immer wieder mit einem neuen Produkt. Ich könnte mit demselben System auch Wohnheimplätze in Altenheimen vermarkten: Erstens: Ich produziere einen Katalog für Altersheime, der zeigt, wo die besten Altenwohnheime sind und die Qualität des Leistungsspektrums. Zweitens: Ich biete eine Vermittlung für Altenheimplätze an. Drittens: Ich veranstalte eine Messe für Altenheime. Genauso geht dies für Hotels oder Finanzdienstleistungen. Es ist immer ein emotionaler Marktplatz, an dem sich Menschen treffen können, ein Nachschlagewerk – im Internet oder gedruckt – und eine Beratung. Und weil es ein System ist, ist es auf Dauer zu multiplizieren und weiterzuführen.

GUNTHER T. VERLEGER: Sie haben 2011 Ihr zehnjähriges Jubiläum gefeiert. Bei den kleinen und mittelständischen Unternehmen gibt es Erfahrungswerte, die belegen, dass nach fünf Jahren von zehn kleinen und mittelständischen Unternehmen neun nicht mehr am Markt sind. Also überleben nur rund zehn Prozent die ersten fünf Jahre. Nach weiteren fünf Jahren scheiden nochmal 60 bis 80 Prozent aus. Sie gehören demnach zu den wenigen Gewinnern, die über zehn Jahre am Markt sind. In Bezug auf diese Nachhaltigkeit, wie stark glauben Sie, hat neben diesen Marken, die Sie genannt haben, das Konzept der Kooperationen den Fortschritt mit beeinflusst und auch den Ruf in die richtige Richtung gepusht?

GERD KULHAVY: Es ist eigentlich die Kreativität, denn sie ist dann am größten, wenn man frisch als junger Unternehmer beginnt und nichts außer einer guten Idee hat und auch das Geld nur im geringen Maße zur Verfügung steht. Sehen Sie sich nun einmal unsere Firmengeschichte an: 2002, kurz nach unserer Gründung, veranstalteten wir das erste Stuttgarter Wissensforum. **Einer der wichtigsten Grundlagen für das Gelingen waren Kooperationen – getreu dem Motto „Gleiche Zielgruppe – unterschiedliches Produkt".** *Also haben wir uns auf die Suche gemacht, nach Firmen, Verbänden und Partnern, für die unsere Veranstaltung einen großen Nutzen darstellt. Dabei ist es uns gelungen, unseren Ruf mit anderen namhaften Partnern – mit guten Ruf – zu verknüpfen. Wichtig ist es dann natürlich, dass man auch die vereinbarte Leistung bringt und die Verlässlichkeit einhält, sonst ist so eine Kooperation auch sehr schnell wieder beendet. Namhafte Firmen achten sehr darauf, mit wem sie zusammenarbeiten.*

Wenn man seinen Partnern dann auch noch eine Ausschließlichkeit garantiert, erhält man eine verlässliche Partnerschaft, die sich auf Dauer auszahlt. Ausschließlichkeit heißt, wenn ich mit einer Fluggesellschaft kooperiere, bleibt diese die einzige und wenn ich eine Bank als Partner habe, werde ich mit keiner zweiten arbeiten. Wenn man selbst größer wird und mit den Jahren ein namhaftes Unternehmen aufgebaut hat, freuen sich die Kooperationspartner, dass sie auf das richtige Pferd gesetzt haben.

Kooperation ist die Erfolgsformel, um mit wenig Geld viel zu erreichen. Aber die Beziehung muss immer für beide Seiten Nutzen bringen. Das ist wie im richtigen Leben: Auch in einer Beziehung, in der Ehe und in der Liebe muss es gegenseitig nutzbringend sein. Klingt unheimlich kühl, ist aber so. Wenn ich eine Kooperation eingehe, ist die erste Frage, die ich mir stelle: Warum könnte mein Gegenüber wirklich Lust haben, mit mir zusammenzuarbeiten? Nicht – wie kann ich ihm etwas verkaufen. Und wenn ich gar keinen Ansatz finde, kann ich immer noch ganz ehrlich fragen: Kann ich etwas Gutes für Sie tun, sodass wir miteinander kooperieren können? Wenn er dann sagt: Oh, mir fällt auch nichts ein, dann war's das. Sieht mein Gegenüber in unseren Leistungen keinen Nutzen, brauchen wir auch nicht kooperieren. Generell kann man sagen, dass es bei erfolgreichen Kooperationen um einen Leistungstausch geht – dies ist die Urform des Geschäftes. Heute nennt man es neudeutsch Kooperation.

JÜRGEN LINSENMAIER: Was braucht es, um eine Kooperation langfristig erfolgreich zu gestalten?

GERD KULHAVY: Ich betrachte Kooperationen wie ein Schwungrad, das man am Laufen hält. Und dies hängt am Beziehungsmanagement zwischen den Kooperationspartnern. Es sind viele kleine Schritte damit die Beziehungspflege erfolgreich ist. Und bei Kooperationen heißt es ganz klar: Beziehungspflege, Beziehungspflege und nochmals Beziehungspflege. Der Aufbau von nachhaltigen Beziehungen ist Arbeit. Stellen Sie es sich vor, wie ein Guthabenkonto, auf das Sie Ihre eigenen Ressourcen, ob Zeit, Informationen oder anderes, einbringen müssen – allerdings ohne großen Zwang.

JÜRGEN LINSENMAIER: Und was sind nun typische Gründe, aus denen Kooperationen zu einem Misserfolg führen können?

GERD KULHAVY: Ganz einfach. Wenn Sie nicht gepflegt werden und keine gegenseitige Wertschätzung herrscht.

GUNTHER T. VERLEGER: Wenn man Kooperationen erfolgreich etabliert, besteht dann nicht die Gefahr, dass dies von Mitbewerbern kopiert wird?

GERD KULHAVY: Diese Gefahr besteht natürlich. Insofern ist es ein heißer Ritt, immer der Führende sein zu wollen und es setzt eine sehr hohe Innovationskraft voraus. Wir bringen jedes Jahr einen neuen Katalog auf den Markt, und ich fordere mein Team immer wieder heraus, diesen noch besser zu machen, obwohl wir ihn in der letzten Dekade schon x-mal optimiert haben. Auf der anderen Seite darf man nicht jeden neuen Trend mitmachen, zu viel anfangen und sich schlussendlich verzetteln. Konzentration auf das Wesentliche ist einer der größten Faktoren für Erfolg.

Andocken – integrieren – neue Möglichkeiten erschließen

Sie produzieren ein elektronisches Gerät? Sie betreiben ein Internetportal? Sie liefern Input für andere Produkte und Dienstleister? Sie erhalten häufig viele Informationen von anderen Firmen?

Sollten Sie auf eine dieser Fragen mit „*ja*" geantwortet haben, sind Kooperationen absolut entscheidend für Ihren Ruf und für Ihren Erfolg am Markt. Hier ein paar Beispiele:

- Google hat seinen Dienst „*Google Maps*" absichtlich öffentlich gemacht, so dass ihn der Weltmarkt aus jeder Branche über die so genannte API (Application Programming Interface) nutzen kann. Dadurch ergibt sich für Google wieder ein komplett neuer Markt und ein verbesserter Ruf für diesen Dienst.
- Stellen Sie sich ein Auto in den USA vor, das keine Möglichkeit hat, ein Getränk (Kaffee, Trinkflasche etc.) abzustellen, also keinen Cup-Holder hat – ein Ding der Unmöglichkeit, ein absolutes K.o.-Kriterium. Dies ist ein simples Beispiel für eine Schnittstelle und kann sich schnell auf den Ruf Ihres Unternehmens auswirken.
- Apple, Google, Facebook, Amazon oder DATEV und viele andere IT-Firmen setzen auf klar definierte Schnittstellen und Kooperationen, damit sie gemeinsam noch mehr Erfolg haben können. Apple verdient Milliarden mit Apps, die sie nicht entwickelt haben, sondern für die sie „*nur*" die Schnittstelle oder das Portal zur Verfügung stellen. Amazon bietet Kooperationspartnern ebenso viel. Sie sind Steuerberater und bieten Ihren Kunden definierte Schnittstellen, damit diese die Buchhaltungsdaten automatisiert weiterverarbeiten können?
- Sollten Sie Informationen von anderen Firmen beziehen oder anderen Firmen zur Verfügung stellen, ist es nützlich und von Vorteil, wenn Sie in definiertem Datenaustauschformat miteinander kooperieren, zum Beispiel XML-Datenaustausch.
- Bieten Sie Schnittstellen oder Integrationsmöglichkeiten Ihres Konkurrenten! Sie meinen, ich sei verrückt – kann schon sein. Doch was glauben Sie, warum Apple das Programm „*Parallels*" entwickelt hat? Genau, damit Windows-Nutzer weniger Bedenken haben, zu Apple zu wechseln! Die Post ist seit 2010 dabei, den ePostbrief für Privatkunden und Firmen voranzutreiben. Seit über einem Jahr warte ich nun schon drauf, dass im Portal eine Schnittstelle geschaffen wird, über die ich meine existierenden Adressdaten per CSV, XLS oder in einem anderen Format

hochladen kann. Denn ich bin einfach zu faul, über 9 000 Adressen erneut einzugeben. Ein automatischer Abgleich mit gängigen Adressbüchern oder Datenbanken würde bestimmt einen enormen Vorteil und damit den Ruf für die Post wieder einen Schritt nach vorne bringen.

- In wie vielen Portalen haben Sie ein Benutzerkonto angelegt? Ich kann es nicht mehr zählen. Stört es Sie auch, dass Sie für jedes neue Portal wiederum ein Konto, Benutzernamen und Passwort anlegen müssen? Mich schon. Allerdings gibt es heutzutage auch schon viele Anbieter, bei denen man sich über ein anderes Benutzerkonto anmelden kann. Wenn Sie etwa wollen, dass Ihre Kunden Sie über www.qype.de bewerten, diese aber kein extra Konto bei Qype anlegen wollen, können sie sich über eines ihrer anderen bereits existierenden Portale wie Facebook, Google, Yahoo, WindowsLive etc. anmelden. Glauben Sie, dass Qype durch diese Anbindung den Ruf verbessert oder verschlechtert? Wird Qype dadurch mehr oder weniger Kunden gewinnen können?

In welchen Bereichen Ihres Unternehmens könnten Sie von Schnittstellen profitieren und Ihre Produkte oder Dienstleistungen an andere *„andocken"*?

Finden Sie mit Ihrem Team Ansätze und Ideen, die eine positive Reputation auslösen, den Ruf Ihres Unternehmens noch besser machen, weil Sie durch diese Schnittstellen das Leben Ihrer Kunden leichter, schneller, komfortabler oder kostengünstiger gemacht haben.

Meine Gedanken/Anregungen/Ideen/Erkenntnisse
zur Verbesserung des Rufes im Bereich Kooperationen:

4. Vergessen Sie Ihre Werbung. Kommunizieren Sie endlich!

Eine Ursache erzeugt nicht immer die gewünschte Wirkung

Sie kennen das: Da haben Sie ein wirklich professionell konzipiertes und auch grafisch hervorragend umgesetztes Mailing zur Post gebracht. Die Rechnungen für Grafik, Druck und Postgebühren sind bezahlt und nun warten Sie auf Rücklauf und neue Kunden. Das Problem ist: Sie können lange warten. Ein halbes bis drei Prozent Rücklauf sind die Regel. 10 000 Mailings und eventuell 50 Anfragen und das sind dann leider immer noch keine Kunden – nur Anfragen. Anzeigen und Radiospots sind auch nicht erfolgreicher.

Viele Konzepte, die ich kenne, Arbeiten nach diesem Prinzip: Wenn ich erstens tue, passiert zweitens. Konkret: Versende ich ein Mailing an 10 000 Adressen, generiere ich einen Rücklauf von einem bis drei Prozent. Die Studie von Romano and Broudy beweist es. Die zwei Herren untersuchten in den USA den Erfolg eines Mailings. Das Standardmailing brachte zwischen einem halben und einem Prozent Rücklauf (Quelle: www.awzsg.ch).

Zum Verständnis: Ich spreche hier von Rücklaufquoten bei Werbebriefen zur Kundengewinnung! Hier ist in den letzten Jahren immer öfter der Erwartung die Ernüchterung gefolgt. Dieses Prinzip scheint nicht mehr zu funktionieren. Das Ergebnis: Null Umsatz, nur Kosten, negativer Gewinn! Doch was könnten Sie alternativ tun?

Lassen Sie uns an der Stelle zuerst darüber nachdenken, warum kein Rücklauf entsteht. 3 000 bis 4 000 Werbebotschaften strömen täglich auf uns ein und lassen uns abstumpfen. Sie schalten Anzeigen und erhalten keine Anrufe. Sie versenden Mailings und erhalten keinen Rücklauf. Wir alle sind satt.

Die meisten Unternehmer und Unternehmen kommunizieren nicht mit dem Kunden, sondern der Kunde ist wie eine Zielscheibe, auf die sie ihre Pfeile werfen – leider duckt der Kunde sich inzwischen weg. Sie versenden toll gemachte Mailings und hoffen, dass sie gelesen werden. Sie schalten Anzeigen für viel Geld und hoffen, sie werden im Werbefriedhof bemerkt. Eine simple Ursache erzeugt heutzutage nicht immer eine Wirkung. Leider.

Andere Wege müssen an die Stelle des oben genannten Prinzips treten.

Nachdem die Zielgruppe auf direkte Beeinflussung durch Werbung nahezu keine Reaktion mehr zeigt, ist es sinnvoll, mit seiner Zielgruppe nach einem System des *„sowohl, als auch"* zu kommunizieren. Dabei können klassische Methoden und moderne Ansätze eingesetzt und auch miteinander verknüpft werden.

Ein soziales Netzwerk – und der Kontakt zum Kunden ist ein Teil Ihres Netzwerkes – wird in der Systemtheorie oft als System verstanden. Ein System ist in einfachen Worten gesagt, eine Gesamtheit von Elementen (hier Mittel und Maß- nahmen), die aufeinander bezogen sind und in irgendeiner Weise wechselwirken. Das Netzgrundgerüst bilden dabei die entsprechenden Maßnahmen. In diesem Kommunikationsnetz werden die einzelnen Mittel und Maßnahmen miteinander in *„Einklang"* gebracht. Wenn einzelne Mittel und Maßnahmen keine sinnvolle Kommunikationsspirale bilden, sind sie zu hinterfragen und eventuell noch nicht sinnvoll einsetzbar. Gehen Sie unbedingt einen Schritt weiter: Integrieren Sie Bausteine in Ihre Kommunikation. Wie lässt sich Ihre Reputation, innerhalb der jeweiligen Maßnahme, verbessern und oder bekannt machen? Das betrifft auch Ihre Anzeigen oder Ihre Mailings.

Da fällt mir eine Anzeige ein, die ich in einer Zeitung gefunden habe. Gut gemacht und damit also grundsätzlich professionell umgesetzt. Entscheidend war aber der Text. Der hat mein Interesse an der Firma geweckt:

„Lieber Leser und Leserin,

Ich heiße Sara und mein Papa arbeitet in einem Marquardt-Küchen Fabrikladen. Hier verkaufen die die besten Küchen mit Granit in Deutschland, sagen Papas Kunden. Wenn die Kunden von Papa wollen, können die nach ERLEBEN in die große Granit-Fabrik fahren (das habe ich mit Papa mal gemacht).

Da haben die auch ein Glashaus mit ganz vielen Granit-Steinen. Dort kann man selbst seine Küchen-Arbeitsplatte aussuchen – ist das nicht cool? Und die Leute dort sind so nett, du kannst die wirklich alles fragen. Nachmittags kochen die in so einem Dampfgarer und machen Physikunterricht mit einem Kochfeld, das heißt Induktion. Ich will auch eine Marquardt-Küche, wenn ich groß bin.

Bis bald! Sara (8 Jahre) "

Eine ganz normale Anzeige – nicht ganz eine Viertelseite groß, schwarz-weiß. Fällt Ihnen etwas auf? Es ist kein Text, der auf platte Art das Produkt beschreibt. Nein, diese Anzeige ist viel mehr. Sara transportiert die Reputation des Küchenstudios. Verbessert sie über die Person eines Kindes und macht sie über das Mittel „*Anzeige*" bekannter.

Allerdings beschränken Sie sich, auch wenn die Idee der Sara-Anzeige perfekt ist, nicht ausschließlich auf klassische Werbung. Arbeiten Sie nicht nur nach „*Ursache erzeugt eine Wirkung*", sondern vernetzen Sie Ihre Maßnahmen und arbeiten Sie mit Reputationsauslösern. Kommunizieren Sie mit Ihren Kontakten. Kommunizieren Sie mit Ihren persönlichen Kontakten, Ihren Kunden, Lieferanten, Interessenten und Ihren Empfehlern.

Ihr guter Ruf ist das, was verkauft! Sonst nichts.

Märkte sind Gespräche. Leider meist nicht von Unternehmen mit den Konsumenten. Wir Unternehmer bleiben lieber unter uns. Wollen wir nicht mit unseren potenziellen Kunden sprechen? Wollen wir überhaupt mit den Märkten sprechen?

Ich kenne so viele Unternehmer, die sich hinter ihrem Schreibtisch verstecken, die sich von Ihrer Sekretärin abblocken lassen. Die Frage der Sekretärin „*Darf ich fragen, um was es geht?*" treibt mich immer wieder zur Weißglut. „*Wow*" wäre, wenn der Mitarbeiter einfach sagen würde. Der Chef ist gerade außer Haus, im Meeting oder telefonisch nicht erreichbar. Ich dürfte meine Telefonnummer hinterlassen und er ruft mich einfach zurück. Wie oft ist Ihnen das bereits so passiert? Fast nie, oder?

Chefs, die direkt ans Telefon gehen, sind selten geworden. Deshalb löst das bei mir immer ein gutes Gefühl aus. Die Reputation dieses Unternehmers steigt sofort. Ich betone das immer ganz besonders, „*Aha, der Chef geht selbst ans Telefon. Klasse, freut mich*".

Mal im Ernst: Viele Unternehmer, vor allem auch Existenzgründer, die jünger als fünf Jahre existieren, haben verlernt zu kommunizieren, haben teilweise regelrecht Angst davor. Warum? Sie sind meist nicht authentisch. Mal kurz eine Ich-AG gegründet, denn als Selbstständiger verdient man ja so viel Geld und das so einfach. Ihr Herzblut hängt nicht an der Positionierung, das Angebot ist nicht stimmig.

Und ja, die Marktplätze sind viel größer geworden als zu der Zeit, als es nur die Zünfte oder den örtlichen Gewerbeverein gab. Allerdings haben diese Unternehmer – während der Zeit der Zünfte und der Gewerbevereine – gelernt, mit den Märkten zu sprechen. Nur der persönliche Kontakt hat Umsatz generiert.

Die Welt ist größer geworden. Theoretisch kann ein sechzehnjähriger Junge via Facebook eine Marke in Bedrängnis bringen. Märkte sind inzwischen zu virtuellen Plattformen mutiert. Weltweit. Aber Vorsicht, die Offline-Plattformen wie Lions, Rotary, Gewerbeverein sind weiterhin wichtig für Ihre Reputation. Wichtiger, als Sie im virtuellen Zeitalter denken.

Aber vergessen Sie das Wichtigste nicht: alle Ihre persönlichen Kontakte, Ihr Kontaktsnetz. Es besteht aus Ihrem Netzwerk, Kunden und Netzwerk-kontakten. Aus Interessenten, also Personen, denen Sie bereits ein Angebot unter-breitet haben. Und aus Empfehlern, also Kontakten, die Sie bereits weiter-empfohlen haben.

Empfehler sind die schwierigste Kontaktgruppe. Oftmals sind Empfehler dritte Unbekannte, die schwer in eine Software einzutippen sind, mit denen schwer zu kommunizieren ist. Genau deshalb ist es wichtig, dass Sie immer authentisch mit Ihren Gesprächspartnern umgehen. Sie wissen schon, ehrlich, echt, glaubwürdig, ...

Nur dann haben Sie die Chance, über Ihre Offline-Netzwerke hinweg auch im Online-Netzwerk zu bestehen. Die Märkte reden auf allen Marktplätzen über Sie – immer. Aber nicht immer erfahren Sie davon.

Rot sieht doch viel besser aus als grün

Sie kennen die Diskussion. Dem einen gefällt das eine Design besser, der Sekretärin das andere. Der Marketingleiter entscheidet dann. Er findet Rot viel besser als Grün. Recht hat er. Ihm muss es gefallen. Oder?

Kommunikation ist zu werberisch und zu grafisch. An dieser Stelle wird die meiste Energie – sprich auch das meiste Geld – im Unternehmen eingesetzt – oder, besser gesagt, verschwendet. Was glauben Sie, wie oft in der täglichen Arbeit für die Kunden unserer Marketingberatung Optik und Design die *WESENT-LICHSTEN* Rollen spielen? Aber ich muss das erklären. Toll gemachte Werbung ist wie ein klasse Service bei Unternehmen – eine Voraussetzung. Nicht mehr, aber auch nicht weniger. Der professionelle Internetauftritt oder die perfekt durchgestylte Broschüre gehören heutzutage einfach dazu. Beides führt aber nur begrenzt zu Rückläufen und falsch gemacht auch zu keinerlei Verbesserung der Reputation.

Stellen Sie sich vor, Sie würden bei der Entwicklung Ihrer Kommunikationsmaßnahmen nicht mehr ausschließlich daran denken, was wohl in Ihren Broschüren gut aussieht, also ob der Strich besser rot oder grün sein sollte. Sondern Sie gehen wirklich nach einer Strategie – einem roten Faden – vor. Eine professionelle Umsetzung ist wichtig, aber ein viel wichtigerer Faktor ist elementar für den Erfolg: die Verbesserung Ihrer Reputation.

Der Faktor Ihrer Reputation entscheidet und multipliziert Sie in eine völlig andere Dimension.

1. Ist es nicht wesentlich einfacher, sich darauf zu konzentrieren, seinen Ruf bekannt zu machen und ihn stetig zu verbessern?

2. Arbeiten Sie nicht effektiver, wenn Sie Ihre Unternehmenskommunikation danach ausrichten?

3. Spart es nicht wirklich viel Geld, wenn Sie einfach weiterempfohlen werden, es sich rumspricht, wie gut Sie sind?

4. Spart es nicht auch Zeit und Geld, wenn Kunden schlicht von selbst kommen?

Ihr exzellenter Ruf – Ihre Reputation – ist das Einzige, was Empfehlungen generiert und Mundpropaganda aktiviert.

Sie sollten sich darum kümmern!

Statt mit rotem, grünem oder gelbem Design – stehen Sie doch einfach mit Ihrem guten Namen hinter Ihren Produkten. Wie Professor Dr. Claus Hipp, den wir bei einem unserer Interviews auch dazu befragten.

JÜRGEN LINSENMAIER: Wir haben ein bisschen recherchiert und festgestellt, dass Sie im Werbebereich relativ viel investieren, vor allem in Fernsehspots. Welche anderen Marketingaktivitäten führen Sie durch?

PROF. DR. CLAUS HIPP: Wir haben natürlich noch Printwerbung und wir haben Direktwerbung. Also das sind die wesentlichen Medien.

JÜRGEN LINSENMAIER: Jetzt wird überall der aktuelle Werbespot gesendet, in dem Sie inzwischen zusammen mit Ihrem Sohn auftreten. Ist Ihnen die Einbindung Ihres Sohnes wichtig?

PROF. DR. CLAUS HIPP: Ja, im aktuellen Werbespot geht es auch um Artenvielfalt und biologischen Landbau. Den haben wir auf dem Biobetrieb meines Sohnes in Polen gedreht.

Mein Sohn ist bei mir auf dem Bauernhof groß geworden und ist natürlich in unserem Unternehmen tätig. Allerdings hat er sich da sehr früh spezialisiert und betreibt großflächig biologischen Landbau. Genau in der Art, die wir für richtig halten. Das ist ja auch schön, wenn die Kinder eigenen Ideale weiterführen und sogar noch erweitern. Der Betrieb gehört alleine unserer Familie – für uns auch eine Frage der Glaubwürdigkeit – und zählt rund 800 Rinder und 1 500 Schafe. Wichtig sind uns auch die großen Flächen mit Feldern, Wäldern und Hecken, die einer ganzen Reihe von Tieren eine Lebensgrundlage bieten.

JÜRGEN LINSENMAIER: Was veranlasst Sie als Unternehmer, sich beispielsweise in Ihren Werbespots mit Ihrem guten Namen, mit Ihrem guten Ruf in der Öffentlichkeit zu präsentieren? Das machen ja doch nur wenige.

PROF. DR. CLAUS HIPP: Ja, das war die Idee der Werbeagentur. Ich habe mich erst gewehrt, mich dann aber doch überzeugen lassen, dass es für uns positiv ist, wenn der Verbraucher weiß, wer hinter der Marke Hipp steht. Und bei unserem Produkt ist das Vertrauen des Verbrauchers wichtiger als bei anderen Angeboten.

Professor Claus Hipp hat viel Berufs- und Lebenserfahrung. Und er machte auf mich nicht den Eindruck, als hätte er das einfach so und ganz schnell entschieden, nur weil seine Werbeagentur *„eine kreative Idee"* hatte. Er hat sich genau überlegt, ob es zu seiner Persönlichkeit passt und damit authentisch ist. *„Dafür stehe ich mit meinen Namen"*, das ist die Kernaussage seiner Werbebotschaft. Diesen Satz hat er geprägt. Nach unseren Gespräch mit ihm persönlich kann ich nur bestätigen: hundert Prozent glaubwürdig.

Zwischendrin: Wohin geht der Markt?

In der Vergangenheit konnte der Markt die Bedürfnisse der Kunden nicht befriedigen. Der Mangel an bestimmten Waren beherrschte den Marktplatz. Ab den Achtzigerjahren entstand in allen Bereichen ein Überangebot an Waren. Alles war sofort und schnell verfügbar. In der Zukunft wird der Markt aus Philosophien bestehen. Der aktuelle Trend mit Tendenz zur Philosophie ist das Thema Klimaschutz.

An dieser Stelle ein paar Stichworte zu den Trends, die diesen Weg begleiten:

1. Der Markt als *„Lebensstil"*
Der Marktplatz, auf dem der Kunde sich zukünftig bewegen wird, wird nahezu vollständig seinen (gewünschten) Lebensstil widerspiegeln und verkörpern. Der einzelne Konsument will sich nicht mehr als reiner Käufer betrachten, sondern als Teil seiner Bewegung verstehen. Individuelle Lebensstile, persönliche (Lebens-) Einstellungen und Lebensformen sind der Markt.

2. Der Markt als *„eigenes Ich"*
Der Kunde wird auf dem Markt die Verwirklichung seines eigenes Ichs, seiner Persönlichkeit und seiner qualitativen Werte einfordern. Der Wunsch nach eigener Persönlichkeit, im Sinne von Verwirklichung und Selbstgestaltung des Daseins wird massiv ansteigen. Diese Selbstgestaltung, also die Abgrenzung zur Masse wird bewusst in den Communities gelebt. Die Suche nach der Anerkennung des eigenen Ichs bleibt.

„Stars" gibt es bereits heute in allen Bereichen des Web 2.0. Allerdings steigen die Möglichkeiten und somit auch die Anzahl derer, die sich zu Netz-Stars entwickeln wollen, derzeit exorbitant an. Diese Netz-VIPs können reale Personen sein, die sich als solche zu erkennen geben, aber auch virtuelle Personen, die sich im Netz in ihrer erdachten Rolle zeigen.

3. Der Markt als *„Community"*
Die Marktplätze werden größtenteils aus virtuellen und damit globalen Geschäftsräumen bestehen. Auf diesen Markplätzen, durchaus vergleichbar mit Wochenmärkten, wird gelacht, sich kennengelernt, diskutiert, bewertet, empfohlen, entschieden und gekauft. Nur in Märkten, die keine Gemeinschaften hervorbringen, ist die individuelle Kundenbeziehung wichtig. Der Markt gilt als Forum der Gemeinschaftsbildung und deshalb boomt bereits der Markt für Beziehungsprogramme wie Facebook und Co.

Communities sind keine Interessensgruppierungen und damit auch keine als solche zu definierende Zielgruppe. Communities sind eigene Welten, im Wesen einer eigenen Öffentlichkeit. Durch das Wachstum der zur Verfügung stehenden Kommunikationskanäle wird diese *„Öffentlichkeit"* enorm anwachsen. Meinungen werden mit ihrer Durchschlagskraft wesentlich schneller gebildet und sind deutlich effektiver als bisher.

Authentizität wirkt immer emotional

Emotionen machen Sie menschlich. Emotionen überzeugen. Emotionen verkaufen. Die Ausgangsbasis: Ihre Authentizität.

Ihre Authentizität wirkt immer emotional, denn sie kommt von Herzen und wird von Ihnen, wenn Sie es gelernt haben, wesentlich intensiver kommuniziert. Mimik und Rhetorik sind genau dann an ihrem Höhepunkt und kommen direkt bei Ihrem Gegenüber an. Finden Sie Ihren Weg zu einer überzeugenden und berührenden Kommunikation. Zeigen Sie dabei auch Ihre eigenen, persönlichen Emotionen. Erzählen Sie Geschichten. Erzählen Sie, wie Sie es selbst erlebt haben und welche Empfindungen Sie dabei spürten. Persönlich, individuell, ehrlich, echt und mit unglaublich viel Herzblut.

Steve Jobs konnte das. Thomas Gottschalk kann es in seiner Rolle in Perfektion. Auch unser Interviewpartner Wolfgang Grupp ist darin ein Meister. Beobachten Sie einmal, wie viel professionelle Authentizität in unserem Bundespräsidenten Gauck steckt und wie viele gelebte Emotionen Ihnen da gezeigt werden. Ein verschmitztes Lächeln, eine kleine Geste – genau das schafft Vertrauen und Glaubwürdigkeit.

Es gibt andere Fälle. Ackermann hat es mit seinem Victory-Zeichen deutlich übertrieben. Das ist übrigens die Gefahr, denn je intensiver Sie Ihre Emotionen zeigen, desto eher kommt Ihnen ein Wort unüberlegt über die Zunge – oder im Falle Ackermann – in die Finger. Vorsicht also, alles braucht Übung und Erfahrung.

Denken Sie bei jeder Form der Kommunikation, ob schriftlich in Ihrem Blog, bei Präsentationen oder bei der Rede vor Ihren Mitarbeitern, darüber nach, was das Thema spannend, lebendig und damit emotionaler macht.

Mein persönlicher Ledergürtel

Der Bookmarkdienst Mister Wong www.mister-wong.de ist vor ein paar Jahren einen sehr ungewöhnlichen Weg gegangen, um sein neues Firmenlogo zu entwickeln. Sämtliche Nutzer seines Internetdienstes wurden aufgerufen, das neue Logo zu entwickeln und einzusenden. Die erste Phase der Suche war abgeschlossen und die Ergebnisse wurden im Internet öffentlich präsentiert.

Grafik-, Werbedesigner und solche, die sich berufen fühlten, haben ihre Entwürfe eingereicht. Mehr als 3 200 Designer aus der ganzen Welt hatten sich registriert und über 1 800 Entwürfe waren im Internet zu betrachten. In der zweiten Phase konnte jeder registrierte Nutzer von Mister Wong für zwölf seiner favorisierten Designs stimmen. Die zwölf Top-Designs wurden dann an eine international besetzte Jury übergeben, die aus diesen Vorschlägen drei Favoriten auswählte. Das Team von Mister Wong wählte dann aus einem der drei Favoriten das neue Logo, das jetzt seit ein paar Jahren Gültigkeit hat.

Das ist eine großartige Möglichkeit, um mit seinen Kunden zu kommunizieren und ein einfaches Beispiel, das seit Mister Wong vielmals kopiert wurde. Denn es steht sinnbildlich für das was wir meinen: Vergessen Sie Ihre Werbung! Kommunizieren Sie endlich!

Auch die individualisierte Massenfertigung ist im Trend. Spätestens seit dem Erfolg von mymuesli www.mymuesli.de ist sie auch als Mittel für eine neue Art der Angebotsentwicklung bekannt geworden. Bei mymuesli können Sie Ihr eigenes Müsli kreieren und bestellen. Und ja, mymuesli verdient damit eine Menge Geld und wurde zum Start-up des Jahres 2007 gewählt.

MyBelt www.my-belt.de, ein Gürtellieferant, lässt Sie jetzt Ihren eigenen Gürtel kreieren. Die erste Gürtelmanufaktur im Internet. Das Ganze ist ganz nett geworden und einfach abzuwickeln, so finde ich jedenfalls.

Sie finden das kindisch? Damit kann man kein Geld verdienen? Kennen Sie Facebook? Eine simple Plattform, bei der die Nutzer Inhalte generieren und zwar gratis. Kein Wareneinkauf, der getätigt werden muss, nur Serverkapazitäten, die bereitzustellen sind. Finden Sie das immer noch kindisch?

Beim Crowdsourcing wird eine Schar von Freizeitarbeitern, also Menschen, die nicht oder nur gering für ihre Arbeitsleistung bezahlt werden, dazu „benutzt", bereitwillig Inhalte zu generieren. Diese Gruppe kann aber auch diverse Aufgaben und Probleme lösen oder ist an Forschungs- und Entwicklungsprojekten beteiligt.

Im Gegensatz zu Outsourcing ist das nicht die Auslagerung von Unternehmensaufgaben und -strukturen an Drittunternehmen gegen entsprechendes Entgelt sondern die freiwillige Nutzung von Gruppen und Bewegungen. Ein sehr spannendes und lukratives System.

Alle diese Plattformen sind Märkte, auf denen Ihre Konsumenten kommunizieren. Untereinander oder mit Ihnen.

Hier drei Bereiche, in denen solche Geschäftsmodelle bereits erfolgreich realisiert wurden:

Wissensportale
Wikipedia – Tausende aktiver Nutzer generieren ohne Bezahlung Artikel und Inhalte und arbeiten gemeinsam am Aufbau einer umfassenden Wissensdatenbank. Klar muss das finanziert werden. Bisher klappte das über Spenden ganz gut.

Bewertungssysteme
Docinsider www.docinsider.de, holidaycheck www.holidaycheck.de, qype www.qype.de – Verbraucher bewerten Dienstleister und Lieferanten nach einem Bewertungssystem. Die jeweiligen Dienstleister und Lieferanten können sich meistens auf den Portalen präsentieren.

Social-/Business-Network-Plattformen
Xing www.xing.com oder LinkedIn http://de.linkedin.com Interessierte können sich meist kostenlos anmelden und generieren mit ihren Profildaten den notwendigen Inhalt für das Angebot. Weitere Optionen können durch Premiumangebote hinzugebucht werden.

Interessant ist dabei, dass inzwischen komplette Geschäftsmodelle auf solchen Auslagerungen beruhen und bereits erfolgreich im Markt agieren. Vorstellbar ist durchaus, dass immer mehr strategische Geschäftsfelder auf diese Weise entstehen.

Sollten Unternehmen eigentlich E-Mails beantworten?

Wir vergeben Aufträge unter anderem auch an Druckereien. Meiner Frau, sie leitet unsere Agentur mit, ist eine schier unglaubliche Geschichte passiert. Im Zuge ihrer Planung war das Ziel, ein oder zwei neue Druckereien anzuschauen und diese persönlich kennen zu lernen.

Bei einer Terminvereinbarung mit dem Inhaber einer Druckerei ist nun folgendes passiert:

Meine Frau ruft bei der Druckerei an und will einen Termin vereinbaren, um sich im ersten Schritt kennen zu lernen und eine mögliche erste Auftragsvergabe zu besprechen. Es meldet sich sofort der Inhaber am Telefon – das ist schon mal positiv. Allerdings hat der Unternehmer wohl nur Marketing und Werbung verstanden und sich dahingehend geäußert, dass er keine Anzeige buchen würde und wir wären heute bereits der fünfte Anrufer.

Meine Frau versuchte in der Folge mehrfach, die Situation und unseren Wunsch zu erläutern. Der Inhaber der Druckerei wurde drastischer: *„Wenn Sie jetzt nicht aufhören, zeige ich Sie bei der Polizei an”*. Und er legte den Hörer auf.

Wahnsinn denkt man. Zuhören wäre hilfreich gewesen. Das hilft übrigens immer, gerade wenn man mit potenziellen Kunden spricht. Richtig zu kommunizieren heißt zunächst, richtig zuhören zu können und richtig zu sprechen. In diesem Falle ist ein möglicher Neukunde weg und gleichzeitig hat der Ruf gelitten. Schade drum. Klar kann ich Firmen verstehen, die x-mal am Tag von irgendwelchen Callcentern angerufen werden. Das kann nerven. Aber Vorsicht: *„Ihr guter Ruf verkauft! Sonst nichts.“*

Meine Frau hat übrigens eine Erklärungsmail hinterhergeschickt auf info@. Sie wissen es schon: Keine Antwort. In zwölf Monaten schau‘ ich mal nach, ob es die Druckerei noch gibt. Manchmal sind Insolvenzen erklärbar.

Nochmals die Frage: Sollten Unternehmen eigentlich E-Mails beantworten? Ja? Ja, und zwar schnell und immer.

Lassen Sie mich dazu noch eine zweite Frage stellen: Meinen Sie eigentlich, dass Firmeninhaber, Vorstände oder Geschäftsführer wissen, wie viele Anfragen per E-Mail in ihrem Unternehmen unbeantwortet liegen bleiben und wie viel Umsatz dadurch verschenkt wird? Ehrlich gesagt, ich glaube kaum.

Eine kleine *„Studie”* meinerseits zu diesem Thema. Die Marketingberatung, deren Inhaber ich bin, erstellt für eine Messe in Deutschland Messekataloge. Aussteller können dabei einen bei Standbuchung bereits bezahlten Katalogeintrag für ihre Darstellung nutzen. Das Ganze läuft über ein von uns konzipiertes Online-Erfassungssystem ab, jegliche Korrespondenz erfolgt also per E-Mail persönlich an die zuständigen Personen im jeweiligen Unternehmen. Erstversand der Unterlagen, Mahnläufe, Freigaben, Auftragsbestätigungen – alles per Mail.

Im Jahr 2010 haben wir knapp 2 000 Aussteller per E-Mail angeschrieben – bis zu fünf Mal (Erstkontakt und Mahnläufe) – mit dem Ergebnis, dass sich knapp zehn Prozent bis zur Deadline nicht meldeten und dadurch einen so genannten stark reduzierten Pflichteintrag erhielten. In einem Milliardenmarkt (in diesem Fall der Bereich Freizeit und Sport) werden zehn Prozent der E-Mails nicht beantwortet. Das zu den „Ergebnissen" meiner „Studie".

Gehen wir mal davon aus, dass dies auch bei Kunden- und Serviceanfragen so ist. Denn – warum sollte es da anders ablaufen? Zehn Prozent unbeantwortete E-Mails in einem Milliardenmarkt führt für das jeweilige Unternehmen ganz sicher zu einem Umsatzverlust. Rechnen Sie selbst. Bei zehn Milliarden Euro Umsatz in Europa, das sind die offiziellen Wirtschaftszahlen für das betroffene Freizeit-segment, kommt ein flottes Sümmchen zusammen.

Stellt sich also die Frage, warum E-Mails so häufig nicht beantwortet werden? Eine gute Frage, die ich nicht beantworten kann.

Vergessen Sie Ihre Werbung! Kommunizieren Sie endlich

Sie sollten Reklamationen selbst beantworten. Das löst einen guten Ruf aus. Bei Otto Gourmet gibt es Steaks und Fleisch aller Art in exklusiver Qualität. Es werden Sterne-Lokale und anspruchsvolle Verbraucher beliefert. Im persönlichen Gespräch teilte Stephan Otto mir mit, dass es für ihn selbstverständlich ist, seine Reklamationen selbst zu beantworten. Er sei immer wieder überrascht, welche Begeisterung das bei seinen Kunden auslöst.

Bei speziellen Zielgruppen, wie zum Beispiel der Zielgruppe der Mütter, die ihre Kinder hochwertig ernähren möchten, ist die persönliche Kommunikation ein ent-scheidender Faktor. Nun kann Professor Dr. Claus Hipp seine Zielgruppe, die Babys, nicht selbst fragen. Deshalb stellten wir ihm einfach genau diese Frage.

GUNTHER T. VERLEGER: Ihre direkte Konsumenten sind die Babys, die können Ihnen aber keinen Brief und keine E-Mail schreiben. Und Ihre Kunden wechseln ständig. Wie bekommen Sie denn Rückmeldung?

PROF. DR. CLAUS HIPP: Unsere Kunden konsumieren unsere Produkte ein gutes bis anderthalb Jahre, nicht länger. Wir erhalten viele positive Zuschriften von den Müttern, was uns natürlich freut.

Aber wir bekommen natürlich auch Kritik oder Verbesserungsvorschläge von den Müttern. All das lesen wir mit großem Interesse und wenn es eine Möglichkeit gibt, es umzusetzen, dann tun wir es auch. Sind die Vorschläge aber nicht umsetzbar, schreiben wir der Mutter einen Brief, indem wir erklären, warum ihre Anregung für die Allgemeinheit nicht passt, auch wenn es für sie praktisch wäre.

So kann es sein, dass uns eine Mutter fragt, warum wir dieses oder jenes Gemüse verwenden, weil ihr Kind es nicht mag. Aber andere Kinder haben einen anderen Geschmack und essen es gern. Generell kann man sagen, dass der Geschmack der Mutter darüber entscheidet, was sie dem Kind gibt – in der Regel ist es das Produkt, das ihr selbst schmeckt.

Ein weiterer Aspekt sind die Ernährungsgewohnheiten eines Landes. In Deutschland ist das Hauptprodukt die Karotte, in Ungarn ist es der Kürbis. Das ist einfach ein grundsätzlicher Unterschied. In England wird in der Babynahrung auch relativ viel Fisch eingesetzt. Bei uns in Deutschland weniger, weil Fisch bei uns in Deutschland immer noch das Image hat, nur an der Küste frisch zu sein. Außerdem ändern sich die Ernährungsgewohnheiten allgemein. So entstanden auch die Vorlieben für italienische Gerichte. Schlussendlich schlägt sich das auch in der Babynahrung nieder.

Permanente Weiterentwicklung ist eines der Merkmale, das unser Unter-nehmen – heute in der vierten Generation – auszeichnet: Ich selbst begeistere mich für Neu- und Weiterentwicklung und so durchlaufen mindestens zwanzig Prozent unserer Produkte jedes Jahr eine Produktverbesserung. Dafür inves-tieren wir.

GUNTHER T. VERLEGER: Das heißt also, dass die Mutter nach ihrem Geschmacksempfinden entscheidet, was das Kind zu essen bekommt?

PROF. DR. CLAUS HIPP: Ja, das ist so.

JÜRGEN LINSENMAIER: Das ist ja interessant. Haben Sie eine eigene Abteilung im Unternehmen, die die Kommunikation mit den Müttern führt und deren Briefe und E-Mails beantwortet? Wie umfangreich ist diese Korre-spondenz?

PROF. DR. CLAUS HIPP: Wir erhalten viele Schreiben, die meisten davon auf elektronischem Weg. Viele davon beantworte ich selbst. Aber wir haben dafür auch eine entsprechende Abteilung.

Beide Beispiele zeigen, wie einfach es im Grunde genommen ist einen guten Ruf auszulösen. Beantworten Sie in Zukunft einfach innerhalb von 24 Stunden Ihre E-Mails und die Anrufe auf Ihrem Anrufbeantworter, schreiben Sie Ihre Angebote, antworten Sie auf Facebook- oder Blogkommentare.

Die Momente der Wahrheit

In den 1980er Jahren prägte der ehemalige Geschäftsführer von SAS Jan Carlzon den Begriff *„Momente der Wahrheit"*. Bei jedem Kundenkontakt mit Ihrem Unternehmen sammelt der Kunde oder Interessent Eindrücke – die *„Momente der Wahrheit"*. Alle Eindrücke ergeben letztlich ein Gesamtbild, einen persönlichen Eindruck des Interessenten von Ihrem Unternehmen. Es entsteht eine positive, neutrale oder negative Meinung. An diesen sogenannten *„Momenten der Wahrheit"*, *„Berührungspunkten"* oder *„Touchpoints"* kann, durch entsprechendes Verhalten, Ihre Reputation erheblich verbessert werden.

Grundsätzlich entstehen Kundenkontakte dort, wo ein Interessent, Kunde, Netzwerkkontakt Kontakt mit Ihrem Unternehmen und Ihren Mitarbeitern aufnimmt. Auch Ihre Produkte und Dienstleistungen sind dabei empfindliche Berührungspunkte, die vernachlässigt werden. Fragt man Unternehmen nach solchen *„Momenten der Wahrheit"* kommen Antworten wie: Der Interessent ruft an, besucht unsere Internetseite, hat unseren Ausstellungsraum besucht, er hat uns angemailt, Unterlagen erhalten und vieles mehr. Glauben Sie mir, es gibt deutlich mehr. Verkäuferbesuch, Mailing, Newsletter, Anzeige, Website, Verpackung, Messestand, Hotline, Radiospot, Kundenzeitschrift, Plakate, Angebot, Rechnung, Mahnung, Reklamation, XING, Testbericht, Blogbeitrag, Presseartikel, Twitter, Facebook, Weiterempfehlung ...

Die ersten *„Momente der Wahrheit"* entstehen allerdings viel früher als die oben genannten. Die Wirkung dieser *„neuen"* Touchpoints ist erheblich und Sie sollten wenigstens versuchen, darauf Einfluss zu nehmen.

1. Das persönliche Umfeld des Unternehmens
Denken Sie einmal an Ihre Mitarbeiter. Sie repräsentieren Ihr Unternehmen in ihrem persönlichen Umfeld – im Restaurant, im Sportverein, in sozialen Netzwerken. Sind sich Ihre Mitarbeiter dessen eigentlich bewusst?

2. Das persönliche Umfeld des Interessenten

Der Interessent fragt kurzerhand bei seinen Freunden, Bekannten und Kollegen nach, ob sie etwas über Ihre Produkte, Ihren Service sagen können. Davon bemerken Sie selbst nichts.

3. Google mag Blogs und Co.

Sich über ein Unternehmen zu informieren, ist im Web 2.0 sehr einfach geworden. Der Interessent googelt und findet schnell positive, wie negative Ein-träge in Blogs, Foren und Bewertungsportalen.

Sollten Sie zum Cybermobbing-Opfer werden, kann dies auch über externe Dienstleister geprüft, analysiert und ggf. auch gelöscht werden – z. B. www.deinguterruf.de

4. Presse, Funk und Fernsehen

Der Interessent liest etwas über Ihr Unternehmen in der Presse oder hört etwas in Funk und Fernsehen. Diese *„neutrale"* Berichterstattung wirkt bei Verbrauchern lange nach.

5. Die öffentliche Meinung

Es gibt Unternehmen, wir alle telefonieren und fahren Zug, die werden es in ihrer Firmengeschichte wohl nicht mehr schaffen, sich eine positive Reputation zu erarbeiten. Ist Ihre *„negative"* Reputation also fest im Kopf des Verbrauchers fixiert, wird es schwer. Ihre Aufgabe ist es, es gar nicht erst nicht soweit kommen zu lassen. Denken Sie immer daran, wie nachhaltig Informationen sind. Bestes Krisenmanagement ist gefragt, sollte es einen Vorfall im Unternehmen geben, der Ihren Ruf beeinträchtigen könnte.

Wer hat nicht schon den Kauf eines Produktes abgebrochen, weil der Internetshop einfach zu viele Informationen über einen wollte oder zu kompliziert aufgebaut war? Wen hat die lange Schlange an der Kasse noch nie davon abgehalten, zu kaufen? Wer hat nicht schon kein drittes Bier mehr bestellt, weil die Bedienung einfach zu langsam war? Amazon hat sich bewusst, das Konzept des „1-Click" Einkaufens in den USA patentieren lassen (in Europa ist Amazon dies jedoch nicht gelungen).

Touchpoints kommunizieren mit Ihren Konsumenten – direkt und indirekt. Touchpoints lösen Reputation aus. Kümmern Sie sich lieber um Ihre Berührungspunkte als den nächsten, übrigens teuren, Telefoneintrag zu buchen.

Ihr persönliches Kommunikationsnetz

„Ihr guter Ruf verkauft! Sonst nichts." basiert auf dem Zirkel Ihres persönlichen Netzwerkes. Ihre Netzwerkkontakte kommunizieren miteinander, untereinander. Sie wissen schon *„der Markt, der Marktplatz"*. Ihre Netzwerkkontakte erhöhen, im günstigsten Fall, Ihren Ruf. Ihre Netzwerkkontakte machen Ihren Ruf draußen, im hart umkämpften Markt, bekannter. Alle Ihre Netzwerkkontakte sind sozusagen Ihr Außendienst – kostenlos und mit seinem Engagement auch unbezahlbar.

Malen Sie sich einfach einen Kreis auf. In der Mitte dieses Zirkels stehen Ihre Authentizität und Ihre Positionierung. Auf der gezogen Kreislinie steht rechts der Positionierung Ihr Ruf, wie gut oder schlecht er auch immer sein mag.

Oben, unten und links stehen auf der Kreislinie Ihre Kontakte (Kunden, Kontakte, die Sie irgendwo kennengelernt haben), Empfehler (Kunden, Netzwerk und – oft vergessen – dritte Unbekannte) und Ihre Interessenten (Personen, die bereits Angebote erhalten haben). Ausschließlich innerhalb dieses Kreislaufes werden Aufträge generiert und Abschlüsse getätigt.

Einen konkreten Kontaktkreis finden Sie hier (Linkdetails siehe Anhang)

Übrigens, Ihre Netzwerkkontakte können Sie über fast alle Adressverwaltungen leicht erfassen und mit einer Kennung versehen. Outlook bietet hier die simple Möglichkeit, Kategorien zuzuweisen.

Um die Reputation zu steigern, werden jetzt zusätzliche verschiedenste Kommunikationselemente (Tools) eingesetzt. Maximal drei bis vier Tools. Qualität und Service, Führung, Verkaufen, Networking und Kooperationen haben Sie bereits kennengelernt. Andere Aspekte, bekannt aus dem klassischen Marketing-portfolio der Werbeagenturen, werden noch folgen.

Das Prinzip arbeitet immer nach der Systematik *„sowohl als auch"*.

Knotenpunkte, unsere Kommunikations-Tools, stellen die Verbindung zum Kernelement Reputation her und erhöhen diese. Ausgangsbasis ist immer eine ein-deutige Positionierungsstrategie auf der Grundlage Ihrer Authentizität.

Ein konkretes Kommunikationsnetz finden Sie hier (Linkdetails siehe Anhang)

Erkennen Sie die Knotenpunkte? Je mehr Knotenpunkte diese Maßnahmen zu anderen Elementen besitzen, desto effektiver ist die jeweilige Maßnahme. Die

Maßnahmen „*kommunizieren*" miteinander. Ihre Kontakte kommunizieren mit Ihnen oder untereinander. Völlig anders als beim üblichen Marketingmix.

Im Gegensatz zur klassischen Werbung, die nach dem Muster „*Ursache erzeugt Wirkung*" arbeitet (ich schalte eine Anzeige und erwarte einen Rücklauf), arbeitet „*das Kommunikationsnetz*" nach der Systematik „*sowohl, als auch*". Je öfter also die Knotenpunkte miteinander verbunden sind, miteinander kommunizieren, je öfter nimmt Ihre Zielperson dies zur Kenntnis. Ihre Reputation steigt, der Kunde kauft.

Das konsequente Umsetzen dieses gesamten Kommunikationsnetzes trägt enorm zur Erhöhung Ihres Ansehens bei und steigert so die Effektivität Ihrer Kommunikation. Das Ergebnis: mehr Gewinn. Vergessen Sie Ihre Werbung! Kommunizieren Sie endlich.

Das unbekannte Wesen: Reputationsauslöser

Einspurige Kommunikation, meist Werbung genannt, löst nichts, absolut nichts mehr beim Konsumenten aus. Klar, die klassische Werbung macht Unternehmen und ihre Angebote bekannt und klar, eine Menge x an Kunden bleibt in der Regel auch hängen und kauft. Aber ohne Reputation wird es in Zukunft eindeutig schwerer, die notwendige Menge an Produkten zu verkaufen oder mit neuen Angeboten in den Markt zu kommen.

Zu allem dazu gibt es auch noch unendlich viele Mitbewerber, die sich auf dem Marktplatz breitmachen. Schlagen Sie mal die Zeitung auf. Auf Seite 2 der erste Mitbewerber, auf Seite 5 weitere drei. Und der Hauptkonkurrent hat im Fachmagazin auch noch die Rückseite gebucht. Ganzseitig! Dies ist der Augenblick, an dem Sie sich sagen: „*Hier muss irgendetwas anders gemacht werden.*"

Viele Unternehmer sagen mir inzwischen: „*Vergessen Sie die Werbung*", null Rücklauf. Aber fast niemand hat eine Antwort auf die Frage nach der Alternative. Die Lösung: Setzen Sie aktive Reputationsauslöser ein!

Überlassen Sie Ihren guten Ruf nicht dem Zufall. Im Gegenteil, konzentrieren Sie sich genau darauf. Fördern, unterstützen, ja steuern Sie diese Möglichkeiten auch in Ihrer Kommunikation. Präsentieren Sie sich dort, wo Ihr Konsument Ihr Angebot erwartet und nutzen Sie für sich, dass Ihre Kunden, auf den Marktplätzen dieser Welt, miteinander kommunizieren.

Authentizität wirkt immer emotional. Reputationsauslöser wirken immer emotional. Und Sie wissen es bereits: Emotionen verkaufen. Praktisch alle Reputationsauslöser haben eine direkte Kommunikation mit Ihren Konsumenten zur Folge. Entweder weil sie sie direkt auslösen (Kundenzufriedenheit abfragen) oder weil die Emotion so groß ist, dass die Zielgruppe das Bedürfnis hat, sich selbst zu melden.

Was mich immer wieder irritiert ist die Tatsache, dass nicht selten sogar Kommunikationsmaßnahmen realisiert werden, die zusätzlich negative Emotionen schüren. Da werden die Zielgruppen durch ungewünschte Anrufe belästigt, unverlangte Newsletter verärgern den Kunden ebenso wie nicht geschulte Mitarbeiter im Servicebereich. Ja, auch Mitarbeiter kommunizieren Ihren Ruf – und leider nicht zwingend positiv.

Neurowissenschaftler und Verhaltensökonomen berichten, dass sich negative Eindrücke in den Köpfen viel tiefer festsetzen und breiter machen als positive Eindrücke. Negative Eindrücke können Angst und Gefahr signalisieren und werden deshalb von unserem Gehirn vorgezogen. Eins zu null für das Negative.

Forschungsergebnisse beweisen: Bereits ein kleiner negativer Eindruck, in diesem Falle in der Kommunikation, kann eine bisher positive Meinung ins Gegenteil katapultieren. Irgendetwas stört das bis dato positive Gesamtbild.

Und Sie wissen es bereits: Eine negative Erfahrung spornt uns wesentlich mehr zum Weitersagen an als positive Erfahrungen.

Es gibt sie allerdings, die bewusst eingebauten „Störer" der positiven Emotionen, beispielsweise Kritik auslösende Artikel im eigenen Blog oder auf der Facebook-Seite. Eine offene, klare Kommunikation wirkt dann wie eine sauber abgearbeitete Reklamation auch als Verstärker.

Ein Beispiel: Mundpropaganda und Kundengewinnung durch gereimte Geburtstagsbriefe bei Maler Deck www.maler-deck.de:

Seit genau zehn Jahren erfasst Maler Deck aus Karlsruhe täglich die Adressen der Geburtstagskinder, die bei ihm in der Tageszeitung und den Orts- und Stadtteilblättern veröffentlicht werden. Die Zeitungsspalten sind meist überschrieben mit „Wir gratulieren heute" und beginnen beim 70. Geburtstag. Aus bisher über 11 000 Geburtstagsadressen, hat er bisher über 550 Kunden gewonnen. Das ist sehr beachtlich.

Täglich verlassen bei Maler Deck ungefähr dreißig bis fünfzig Geburtstagsbriefe seine Firma. Das Schreiben ist natürlich personalisiert und der Name des Empfängers wird noch drei Mal im Schreiben erwähnt.

Der individuelle Text wird mit dem Laserdrucker gedruckt. Nur ein Vollprofi kann erkennen, dass die Unterschrift und das Lachgesicht, die jeden Bogen zieren, gedruckt sind. Die Reimtexte und Glückwunschsymbole wechseln natürlich jedes Jahr. Unterschrift und Lachgesicht werden auch jährlich neu eingescannt, damit sich, wie im richtigen Leben, die Unterschrift jeweils unterscheidet.

Diese Form eines Mailing erzeugt bei den Menschen, Zielgruppe über siebzig Jahre alt, eine sehr große Freude. Zusätzlich löst Maler Deck damit natürlich eine gigantische Mundpropaganda aus. Die Reaktionen sind alle sehr, sehr herzlich und anrührend.

Die Emotion ist so groß, dass die Zielgruppe das Bedürfnis hat, sich selbst zu melden. Viele Geburtstagskinder schreiben oder rufen direkt bei Maler Deck an, um sich persönlich zu bedanken. Und sie laden ihn ein, er solle doch einmal auf ein Glas Wein oder einen Cognac vorbeikommen. Immer wird ihm erzählt, wie treffend seine Reimzeilen sind und wie sehr man sich darüber freut.

„Ich habe es im ganzen Haus gezeigt", „Ich habe es allen Geburtstagsgästen vorgelesen", „Der Pfarrer hat Ihr Schreiben vorgelesen", „Ich habe jetzt schon den achten Glückwunschbrief erhalten und alle abgeheftet", „Einige Ihrer treffenden Reime verwende ich selbst für meine Glückwünsche." – das sind einige typische Reaktionen.

Oft wird er von den Geburtstagskindern gefragt, warum er ihnen zum Geburtstag gratuliere, wo man sich doch gar nicht kenne. Seine ehrliche Antwort darauf ist, dass es ihm eben großen Spaß macht, anderen Menschen eine Freude zu bereiten.

**Meine Gedanken/Anregungen/Ideen/Erkenntnisse
zum Querdenken für „… kommunizieren Sie endlich…":**

Events:
Lassen Sie doch Ihre Kunden verkaufen!

Wenn Kunden Schlange stehen

Es gibt sie: Die Erlebnisse in Ihrem Leben, die sich in Ihrem Gehirn verankert haben. Sie sind praktisch immer abrufbereit und in ruhigen Stunden denken Sie gerne an sie zurück. Grundlage für diese *„Verankerung"* sind immer die Emotionen, die Sie bei diesem Ereignis empfunden haben, positive wie ein sportlicher Erfolg oder negative wie den Tod eines Freundes.

Wann und warum bleiben solche Erlebnisse haften? Der Grund ist eine Form des bekannten Flow-Effektes. Wir reden hier nicht von der Form der völligen Vertiefung, die beim Kajakfahren oder Freeclimbing entsteht. Vielmehr handelt es sich um eine *„reduzierte"* Form, die einen aber durchaus die Tagesprobleme um sich herum vergessen lässt und zu einem einmaligen, unvergesslichen und sehr persönlichen Erlebnis führt.

Ein Beispiel: die Daimler-Vito-Tour in Südfrankreich. Vor vielen Jahren wurde ich zu einer Testfahrt des neuen Vito von Mercedes-Benz nach Südfrankreich eingeladen. Jeder Teilnehmer bekam in Nizza eine Karte und es wurde das nächste Ziel der insgesamt dreitägigen Reise vorgegeben. Die Ziele waren übrigens immer die wirklich besten Hotels der Region. Die Strecke zu suchen, mit *„meinem Kopiloten"* zusammen zu arbeiten – das gesamte Erlebnis ist mir so intensiv in Erinnerung geblieben, dass ich heute immer noch jedes Detail erzählen kann.

Es wird sehr bewusst die Form eines Aha-Erlebnisses mit dem Produkt, der Werbeaussage, verknüpft. Bemerken Sie den Unterschied zum einfachen *„Tag der offenen Tür"* mit Grillwurst und Bier? Der *„Tag der offenen Tür"* ist nett, bewirkt aber keinen Effekt in die Richtung, die ich für notwendig erachte.

Welcher Event erhöht Ihren Ruf im Markt? Wann fangen die Menschen an, positiv über mein Unternehmen oder über mich als Unternehmer zu sprechen? Wann fangen meine Geschäftskontakte an, mich an ihre persönlichen Kontakte zu empfehlen?

Denken Sie nach, denken Sie quer, denken Sie um! Es geht um Ihren guten Ruf. Ihr guter Ruf ist das einzige, was Mundpropaganda auslöst. Ihr guter Ruf löst Empfehlungen aus.

Unser Interviewpartner ist Daniel Stock, Mitglied der Geschäftsleitung des STOCK***** resort im Zillertal. Das Hotel Stock organisiert regelmäßig aufwendige und spannende Events für seine Hotelgäste. Ein Erfolgsfaktor für das Top-Hotel. Daniel Stock beschreibt das so:

GUNTHER T. VERLEGER: Sie bieten Ihren Kunden und Ihren Gästen eine extreme Vielfalt an Events. Mir persönlich ist eines in Erinnerung geblieben, bei dem Sie auch persönlich dabei gewesen sind: Wir haben eine Wanderung unternommen, so richtig über Stock und Stein. Und urplötzlich sind wir auf einer Lichtung angekommen, auf der ein tolles Mittagsbuffet aufgebaut war. Ich war damals einfach überwältigt.

Ich habe den Eindruck, dass Sie viele derartiger Events anbieten. Nicht die großen Veranstaltungen wie Popkonzerte, eher die kleinen Events. Wie kommt man darauf? Gibt es ein Standardprogramm, das immer wieder durchgeführt wird, oder ändert sich das?

DANIEL STOCK: Ja, Events bringen Unterhaltung und „wow"-Erlebnisse. Unsere eigentliche Motivation ist es, dem Gast eine Freude zu bereiten, kreativ und innovativ zu sein. Und wir kombinieren die Themen Tradition, Lifestyle, Party, Genuss, Natur und entwickeln daraus Events.

Und was gibt es Schöneres, als dem eigenen Wohnzimmer zu entrinnen? Denn für mich ist mein Hotel mein Wohnzimmer. Das ganze Hotel ist ein einziges Event: ein umwerfendes Panorama, viele nette, großartige Mitarbeiter, wir als Unternehmerfamilie. Ob es nun eine Weinverkostung, der Aperitif, der professionelle Pianospieler, das Fest am Berg, die Skisafari, die Hüttengaudi, eine Grillparty, eine Modenschau ist – wir versuchen einfach, viele Erlebnisse zu schaffen und damit unseren Gästen Lust, Genuss und Unterhaltung zu bieten.

GUNTHER T. VERLEGER: Das spricht sich ja auch bei den Mitbewerbern rum. Können das andere Hotels kopieren? So nach dem Motto: Was die Stocks im Zillertal machen, das machen wir im Schwarzwald?

DANIEL STOCK: Natürlich muss man nicht alles neu erfinden – das geht ja auch gar nicht. Auch wir schnappen die eine oder andere Idee auf, in einem Restaurant, einem anderen Hotel oder im Internet. Und aus einer Idee entwickelt sich dann eine weitere.

Allerdings muss ich schon sagen, dass es für mich ein viel schöneres Gefühl ist, etwas neu zu erfinden, denn ich habe dann einen völlig anderen Bezug dazu. Das Schönste ist, so eine neue Idee in den Betrieb zu integrieren, zu organisieren und zu verändern. Das macht mir viel Spaß und diese ehrliche Freude strahlt auf die Kunden aus und erzielt auch bei diesen die besondere Wirkung.

JÜRGEN LINSENMAIER: Bemerkt der Gast diese Freude?

DANIEL STOCK: Ja, da bin ich ganz sicher. Ich glaube, dass wir die Gäste anziehen, die wir auch wollen. Und das ganz einfach weil wir das Glück haben, uns nicht verstellen zu müssen, sondern Freude an unserem Beruf haben und dies auch ausstrahlen.

Ich kenne auch Hoteliers, für die das Führen des Hotels einfach nur ein Job ist, die privat andere Musik hören, sich anders anziehen und anders geben.

Wir aber fühlen uns wohl und deshalb fühlen sich auch unsere Gäste wohl. Und zwar die, die die gleichen Vorstellungen haben wie wir. Und diese Gäste sind begeistert und empfehlen es ihren Freunden weiter. Wenn es einem Gast bei uns zu persönlich oder zu familiär ist, sucht sich dieser das nächste Mal halt ein anderes Hotel.

GUNTHER T. VERLEGER: Haben Sie ein persönliches Lieblingsevent, eines für das Ihr Herz schlägt?

DANIEL STOCK: Sie haben vorhin unseren Bergbrunch angesprochen. Das ist ein Event, auf das sich die Mitarbeiter, alle die daran teilnehmen und mithelfen sowie ich selbst, jede Woche freuen – zumindest wenn das Wetter schön ist. Das ist ein eingespieltes Event, ein Ritual, da weiß jeder was er zu tun hat. Ein gemeinsames Miteinander und ganz sicher ein Hauptevent im Jahr.

Sensationell ist auch die Weinwoche, die ist klasse. Und dann haben wir vorletztes Jahr ein neues Event erfunden, welches wir jetzt vier Mal im Jahr durchführen. Wir nennen es Expertendinner. An einer riesigen Tafel, königlich gedeckt, sitzen 28 Gäste. Und mit am Tisch sitzen ich als Hotelier, ein Winzer, der seinen Wein präsentiert, und einige weitere Persönlichkeiten, ob nun mein Onkel Leonhard Stock der Ski-Abfahrts-Olympiasieger, Gerd Kulhavy von Speakers Excellence oder Lothar Seiwert, der Experte für Zeitmanagement. Serviert werden acht Gänge, begleitet von acht Weinen und acht verschiedenen Gesprächsthemen. Diese Veranstaltungen sind bisher sehr gut gelungen.

JÜRGEN LINSENMAIER: Das ist ja auch sehr exklusiv bei 28 Leuten.

DANIEL STOCK: Ja, sehr exklusiv. Aber auch sehr entspannt. Man erfährt sehr viel, man bringt sich aber auch selbst ein. Es ist eine ruhige Atmosphäre, es ist ein genussvolles Event, da wird man automatisch lockerer und manchmal auch ehrlicher.

GUNTHER T. VERLEGER: Ihre Augen glänzen.

DANIEL STOCK: Ist es der Wein? Oder wie?

GUNTHER T. VERLEGER: Nein, man spürt einfach Ihre eigene Begeisterung, wenn Sie von diesem Event erzählen und dabei die Bilder vor Ihren Augen haben.

DANIEL STOCK: Ja, es war schön.

JÜRGEN LINSENMAIER: Herr Stock, wenn ein Hotel im Frühjahr von sich behaupten kann, dass es für die Hauptsaison ausgebucht ist, ist das ein gutes Zeichen. Aber wenn Ihr Hotel an Ostern sagen kann, dass es für Weihnachten und Neujahr des Folgejahres ausgebucht ist, finde ich das schon sportlich und eine tolle Leistung. Ein Erfolgskonzept bei Ihnen sind die Events, die Sie für und mit Ihren Gästen durchführen. Gibt es auch Events, die floppen oder bei denen Sie mit der Resonanz nicht zufrieden waren? Oder landen Sie nur Volltreffer?

DANIEL STOCK: Nein, Flop-Events gibt es keine. Es gibt Events, bei denen nicht alles rund läuft, vielleicht, weil das Wetter nicht mitgespielt hat. Da weiß ich dann, dass wir etwas umgestalten müssen. Aber die Grundgedanken floppen nicht. Alle Eventteilnehmer waren bisher immer begeistert – und zwar von der Dienstleistung und den Erlebnissen. Da ist es zweitrangig, um welche Veranstaltung oder welche Improvisation es ging und ob viele oder wenige Leute teilgenommen haben.

JÜRGEN LINSENMAIER: Wenn ich Sie richtig verstehe, würden Sie also bei einem dieser „O.K.-Events" zwar feststellen, dass die Teilnehmer Ihnen eine gute Rückmeldung gegeben haben, dass aber vielleicht der Aufwand nicht in Relation zu den Kosten stand. Und so würden Sie dann entscheiden, dass diese Veranstaltung wahrscheinlich nicht regelmäßig geplant würde?

DANIEL STOCK: Richtig. Entweder sind dann beim Event das nächste Mal fünfzig Besucher mehr oder es zahlt sich in dieser Form nicht aus. Schön für uns ist, dass uns eine gewisse Routine im Betrieb auch eine Sicherheit gibt. Wir haben die Erfahrung und wissen, wo innerhalb des Jahresablaufs welche Veranstaltungen erfolgreich sind. In einem gut laufenden Betrieb Neues auszuprobieren ist schön und interessant. Und es ist natürlich einfacher, als wenn ein Unternehmen am Boden liegt und Sie hoffen müssen, dass Sie mit Ihrer neuen Idee Glück haben und die Situation nicht noch schlimmer wird. Wir versuchen Neues und haben überall ein bisschen die Finger im Spiel. Läuft es gut, ist das schön. Wenn nicht, ziehen wir es wieder zurück und gehen in eine andere Richtung. Wichtig für uns sind die Ideen und das Feedback unserer Mitarbeiter, unserer Gäste, der Freunde unseres Hauses und auch der Einheimischen, mit denen wir zusammenarbeiten. Dadurch können wir Events von einer Qualität anbieten, die die Leute anspricht und bei denen sie von vorneherein wissen, dass sie ein „wow"-Erlebnis erwartet.

Kommunizieren Sie ... unbedingt!

Events in ihrer unterschiedlichsten Art, sind geniale Reputationsauslöser. Richtig eingesetzt, entfachen Sie eine positive Welle an Mundpropaganda und Empfehlungen, die, wie man an meinem oben genannten Beispiel des Vito sieht, auch äußerst nachhaltig sein kann. Jedes Mal, wenn ich einen Vito auf der Straße sehe, denke ich an dieses Event.

Aber es kommt noch ein weiterer Aspekt hinzu. Ihre Kontakte sind nicht nur Botschafter sondern auch Ideengeber, die gerne für Sie arbeiten.

Deutschlands größter Importeur für Darjeeling-Tee lädt Kunden zu einem zweitägigen Programm nach Berlin ein. Die Kunden sollen in Workshops Ideen entwickeln und somit die Zukunft des Unternehmens mitbestimmen. Diese Mitarbeit wird nicht bezahlt und auch die Reisekosten werden vom Importeur nicht übernommen. Trotz allem haben sich über 200 Kunden auf den Weg in unsere Hauptstadt gemacht.

Wie schafft man es, seine Kontakte für so einen Event zu motivieren? Welche Gründe gibt es, dass Kunden dafür sogar selbst die Reisekosten übernehmen? Geld motiviert nicht immer. Es geht um das einmalige Erlebnis, zu einem ausgewählten Kreis von Personen zu zählen und den Stolz, dabei sein zu dürfen.

Ich war früher Inhaber und Vorstand eines Verlages, der im Freizeitbereich tätig war und bei dem es um die Themen Trekking, Klettern, Kanu fahren sowie um die Produkte ging, die zur Ausübung dieser Sportarten nötig sind.

Wir organisierten damals für einen sehr exklusiven Kreis von Lesern Testtage, an denen vier Tage lang die Produkte verschiedener Hersteller getestet wurden, zusammen mit der Redaktion und dem Chefredakteur. Die Tests waren nicht oberflächlich. Nein, die Ergebnisse wurden in den Fachzeitschriften veröffentlicht und waren für den Erfolg der Hersteller durchaus richtungsweisend. Wir haben damals auch die eine oder andere einstweilige Verfügung bekommen, es ging also wirklich um was.

Erster Punkt – Wertigkeit

Wichtiger Punkt an dieser Stelle: Die Wertigkeit der Tests sowie das Erlebnis, die Redaktion persönlich kennenlernen zu dürfen, lösten Motivation aus. Sorgen Sie also für ein hohes Maß an Wertigkeit und Exklusivität. Und ich spreche dabei wirklich nicht von Champagner. Exklusivität bedeutete für uns, Produkte unter ganz ungewöhnlichen Bedingungen zu testen, etwa Jacken im Regenturm von GORE-TEX und Zelte im Windkanal von Daimler. Exklusiver geht es nicht. Bei der Veranstaltung von Darjeeling konnten die eingeladenen Kunden bereits die neue Ernte verkosten und bestellen – bevor diese in den Handel kam.

Zweiter Punkt – Neuheiten

Der zweite Punkt: Sorgen Sie für Neuheiten. Bei unseren Tests erhielten die Kunden immer Informationen und Wissen aus erster Hand. Wissen, das es nirgendwo anders gibt. Informationen, in diesem Falle auch die Testergebnisse, bevor diese in der (unserer) Zeitung standen.

Neuheiten sind das Verkosten neuer Produktsorten, Tests neuer Produkte, die Präsentation neuer Projekte, Vorstellung neuer Mitarbeiter und und und. Die Liste ist lang und natürlich branchenabhängig.

Dritter Punkt – Austausch

Um ein erfolgreiches Event zu organisieren gilt nicht nur, dass Sie mit Ihren Gästen kommunizieren, sondern dass Sie sie untereinander netzwerken lassen. Denn die Gäste haben ein zentrales gemeinsames Thema und die gleichen Vorlieben. Bei unseren Beispielen die Liebe zum Tee oder der gleiche Sport.

Bauen Sie also genügend Zeit ein, damit sich Ihre Kunden untereinander kennenlernen können. Damit ergibt sich für die Teilnehmer ein dritter Erfolgsfaktor – sie können entweder Geschäftsbeziehungen anbahnen oder schlicht Bekanntschaften schließen.

Vierter Punkt – Expertenwissen

Die Kunden, die zu Ihrem Event kommen, sind an Ihnen und an Ihrem Thema besonders interessiert und dies vermutlich bereits auf dem Level eines Experten. Fördern Sie dieses Expertentum. Liefern Sie weiteres, besonderes Wissen.

Fünfter Punkt – Insider

Der Schritt von Punkt vier, also Ihren Kunden zum Experten zu machen, hin zu Punkt fünf, ihn zum Insider zu machen, ist ein kleiner Schritt. Die Insidertipps bei unseren Testtagen kamen immer persönlich vom Chefredakteur. Die Kunden „hingen an seinen Lippen".

Jemanden einzubeziehen schafft Vertrauen. Bringen Sie daher Ihre Kunden mit Ihren Mitarbeitern ins Gespräch. Seien Sie sich als Geschäftsführer nicht zu schade dafür. Ihre Kunden wollen mit Ihnen sprechen. Genau das motiviert Kunden, über Sie positiv zu sprechen und Sie weiterzuempfehlen.

Bei unseren Testtagen kam natürlich auch Kritik an unseren Stammprodukten. Gehen Sie ruhig, sachlich und offen damit um.

Erklären Sie wahrheitsgemäß, warum etwas so und nicht so gemacht wird. Nehmen Sie Ihre Kunden ernst. Sollte es Geschäftsgeheimnisse geben, sagen Sie es. Wo immer es aber möglich ist, ziehen Sie Ihre Kunden ins Vertrauen.

Sechster Punkt – Mitentscheiden

Lassen Sie Kunden entscheiden – über neue Produktlinien, über die Verpackung, den Preis oder das Werbekonzept. Binden Sie Ihren Kunden mit in Ihre Aufgaben und Ihre Entscheidungsfindung ein.

Bei unseren Testtagen wurde das über Testergebnisse umgesetzt. Ein Punktesystem bewertete die getesteten Produkte. Die Testergebnisse wurden veröffentlicht; teilweise sogar die persönlichen Meinungen der einzelnen Tester.

Siebter Punkt – Werbeträger

Letzter und wichtigster Erfolgsfaktor: Ihre Kunden werden ganz automatisch zu Ihren Werbeträgern. Sicher gibt es die Möglichkeit, Warenproben zu verteilen.

Aber Vorsicht! Der Event sollte niemals zu einer Verkaufsveranstaltung oder einer Butterfahrt werden.

Unsere Tester jedenfalls waren perfekte Multiplikatoren. Mit den Neuen Medien, Facebook, Google+, Twitter und Co. haben Sie natürlich optimale Plattformen, um positive Mundpropaganda und aktive Empfehlungen auszulösen. Jeder Teilnehmer kann seine Meinung und seine Eindrücke leicht weitertragen.

Alle diese Punkte arbeiten ausgesprochen vielschichtig. Sie erreichen damit eine extrem hohe Kundenbeziehung, die positive Mundpropaganda aktiviert. Ihre Kunden kommunizieren persönlich mit Ihnen und ganz nebenbei verbessern oder entwickeln Sie neue Produkte.

Oder wie wär es damit: Gehen Sie gerne ins Kino? Wahrscheinlich schon, oder? Ob Sie nun ein Til Schweiger-Fan sind oder nicht, steht natürlich auf einem anderen Papier. Doch als Til Schweigers Film „Zweiohrküken" in den Kinos angelaufen ist, bin ich mit meiner Frau natürlich reingegangen, da uns „Keinohrhasen" bereits bestens gefallen hat. Tickets gekauft, mit Popcorn und Getränken ab in den Kinosaal und natürlich gewartet, dass es losging.

Anstatt üblichen zwanzig bis dreißig Minuten Werbung erschienen plötzlich ein paar nette Jungs vor der Leinwand, bauten Barhocker, Gitarre und Mikrofonständer auf und stellten sich vor: *„Hi, my name is Beukes Willemse and we are Livingston..."*. Das ganze Publikum war baff!!! Mädels haben gekreischt und konnten ihren Augen nicht trauen. Live, die Jungs, hier im Kino in Stuttgart. Die haben kurz erzählt, ein paar Witze gemacht und dann natürlich den Top-Hit (zum Film) „Broken" getrillert! Wie cool ist das denn? Anstatt plumper langweiliger Werbung so ein Gig! Was glauben Sie wie wir über den Film und das Kino berichtet haben? Ist dies ein Reputationsauslöser?

Hier noch zwei weitere Beispiele aus der Praxis:

Juli 2012 – Das <u>Dormero Hotel Stuttgart</u> wird offiziell eröffnet: Über 1 000 geladene Gäste aus ganz Deutschland, allen Branchen und Gesellschaftsschichten. Es war ein Spitzenevent. Am Eingang Zauberkünstler, Begrüßungseis, Getränke, Häppchen, Schauspieler, TV-Prominenz, Audio-Videoshow, eine ganze Reihe von Buffets mit allen möglichen kulinarischen Highlights, Zimmerführungen, Kunstaustellung, Disco und vieles mehr.

Ich kann es kaum aufzählen, was die Dormero-Mannschaft und die Geschäfts-leitung hier auf die Beine gestellt haben. In den Hotelzimmern kann das Hinter-grund-Licht individuell in den Farben Rot, Blau, Gelb, Grün und Orange eingestellt werden. Im Doppelzimmer gibt es nicht einen Flat-Screen sondern einen zweiten, um im Netz zu surfen – natürlich kostenlos. WLAN und Minibar sind für Hotelgäste kostenlos, also in der Übernachtungspauschale beinhaltet.

Das Hotel ist jung, peppig und einfach besonders. Und genauso war die Er-öffnungsfeier. Hat dies das Hotel sehr viel gekostet? Ja, auf jeden Fall. Dem Hoteldirektor wurde es ganz blümerant, als er an den Betrag gedacht hat – doch hat dies eine positive Reputation ausgelöst? Auf jeden Fall. Unzählige Einträge in den Neuen Medien, begeisterte Teilnehmer, die alle von diesem grandiosen Event erzählten und in ihrem Kunden- und Kontaktkreis von diesem Hotel berichteten.

Die Carl Benz Arena stellt sich vor: Ich erhalte eine genial aufgemachte Einladung per Post zu einer Veranstaltung in der Carl Benz Arena. Warum ich? O.K., gehen wir mal hin. Genauso aufwendig wie die persönliche Einladung, war auch die gesamte Veranstaltung: Exklusive Magnetnamensschilder, großartige alkoholfreie Cocktails beim Empfang, Fotografen, die Impressionen der Gäste festhalten.

Die Türen zur Arena werden geöffnet. Eine ovale Bühne, die von zwei Seiten mit rund 250 Plätzen bestuhlt ist, so dass sich die Teilnehmer gegenseitig anschauen können, ist ein weiteres Indiz, dass hier etwas Besonderes erwartet werden kann. Über den Sitzplätzen hängen zwei riesige Videoleinwände in einer Art Hologrammtechnik, Akrobaten treten auf die Bühne und moderieren gleichzeitig durch die Abendveranstaltung, das Publikum wird durch ein interaktives Videospiel zum Mitmachen integriert, anschließend tritt Oliver Geisselhart (laut VOX Europas erfolgreichster Gedächtnis-Trainer) auf und nebenbei kommen noch kurz die Geschäftsführer der Arena und der Exklusiv-Caterer des Hauses zu Wort.

Danach – Buffet vom Feinsten. Fürs Auge, für den Gaumen – einfach spitzen-mäßig. Weitere Künstler und Präsentationen, wie die Halle sich verwandeln lässt, gute Gespräch, netzwerken – was es eben braucht. Beim Verlassen der Ver-anstaltung noch ein kleines süßes Abschiedsgeschenk und zwei Tage später eine Dankes-E-Mail mit dem Link zu den Fotos, Impressionen und dem an diesem Abend live gedrehten Video! Das hat einen „wow"-Effekt erzeugt. Und ja, es hat die Verantwortlichen einen mittleren fünfstelligen Betrag gekostet. Aber hat es auch Reputation ausgelöst? Entscheiden Sie selbst.

Merken Sie, worauf es ankommt? Kommunizieren Sie. Bauen Sie Tools ein, die Ihren Ruf bekannt machen und stetig verbessern.

Reputationsauslöser lernen

Seminare, Workshops, Vorträge – all das sind Events, bei denen Ihre Konsumenten lernen. Lernen kann Spaß machen, lernen kommuniziert. Der Reputationsauslöser *„lernen"* löst Mundpropaganda aus!

Laden Sie bitte nur einen exklusiven Kreis ein oder, besser gesagt, erwecken Sie unbedingt den Eindruck von Exklusivität. Aber laden Sie bitte nicht nur die sogenannten A-Kunden ein. Ich halte sowie nichts von der Aussagekraft dieser A-B-C-kein-Kunde-Sortierung. Warum sollte denn ein C-Kunde, der bisher einmal im Jahr zur Inspektion kam, nicht plötzlich den dicken BMW kaufen? Limitieren Sie die Plätze. Das ist die einfachste Möglichkeit, schnell Exklusivität zu erreichen. Die zweite Möglichkeit ist, beste Qualität anzubieten. Der bekannte Keynote-Speaker, der Bestsellerautor lösen deutlich mehr Reputation aus.

Wie baut man eigentlich einen Schrank auf? Hornbach Baumarkt hat dazu eine eigene Internet-Plattform entwickelt, den Projektstammtisch von Hornbach. Kunden treffen sich im Forum und tauschen sich aus, treffen sich live. Glaubwürdigkeit und Vertrauen entstehen. Der gute Ruf innerhalb der Zielgruppe wird immer besser.

Reputationsauslöser testen

Kunden von uns haben unsere Produkttests übrigens damals übernommen und selbst mit ihren Kunden durchgeführt.

Auch Sie können Ihre Kontakte zu Produkttests einladen. Im Prinzip ist das völlig unabhängig von der Branche, ob Bäcker, Metzger, Fahrradhändler oder Autohaus. Falls Sie nicht selbst produzieren, fragen Sie Ihre Lieferanten, wie die

Produkte in der Produktion getestet werden und wie weit hier eine Zusammenarbeit möglich ist. Laden Sie Kunden zum Testen ein.

Inzwischen gibt es übrigens eigene Plattformen, die solche Tests anbieten und zwar exakt mit dem Ziel, positive Mundpropaganda auszulösen und Empfehlungen zu aktiveren.

Schauen Sie mal bei www.konsumgoettinnen.de oder bei der international aufgestellten und Europas größten Marketing-Community www.trnd.com.

Die Tests erzeugen ein unglaubliches Erlebnis bei Ihrer Zielgruppe und zwar sowohl bei Kunden als auch Interessenten. Laden Sie zu Testivals ein. Glaubwürdigkeit und Vertrauen entstehen – Ihr guter Ruf wird immer besser und er wird weitergetragen. Und ganz nebenbei lernen Sie, wie Sie Ihre Produkte im Sinne des Kunden verbessern können.

Reputationsauslöser erfinden

„Erfinden" steht dafür, dass Ihre Eventgäste nicht nur essen und trinken, wie das üblicherweise bei Events passiert, sondern dass sie etwas tun.

Ihre Kunden sollen Prozesse optimieren, Produkte verbessern oder sogar neu erfinden. Dafür stehen zum Beispiel ERFA-Treffen und Innovations-Workshops.

Wikipedia definiert das so: Erfahrungsaustauschgruppe (Abk.: ERFA-Gruppe) ist eine Bezeichnung für ein im Handel übliches, regelmäßig organisiertes Zusammentreffen von unabhängigen Kaufleuten zum Erfahrungsaustausch.

BNI steht für die Abkürzung Business Network International. Ein Unternehmertreffen mit dem Ziel, dass die Mitglieder untereinander Empfehlungen generieren. BNI organisiert für seine Mitglieder Trainings. Also wendet BNI den Reputationsauslöser *„lernen"* an. BNI geht aber einen Schritt weiter: Sobald ein Mitglied alle Trainings besucht hat wird das Mitglied in den exklusiven *„Hall of Fame"*-Kreis aufgenommen und kann ab diesem Moment an den ERFA-Treffen teilnehmen. Diese Treffen haben das Ziel, zu einem vorgegebenen Thema Optimierungen zu erarbeiten.

Die Ergebnisse der ERFA-Treffen kommuniziert BNI dann an alle Mitglieder zur weiteren Wissensbildung. Außerdem werden darüber einzelne interne Prozesse verbessert.

Organisieren Sie ERFA-Treffen oder Innovations-Workshops, bei denen Sie mit Ihrer Zielgruppe kommunizieren und diese aktiv in Ihre Prozesse einbinden. Auch damit wecken Sie Emotionen. Die Teilnehmer werden stolz darauf sein, *„mit dabei zu sein"* und dies kommunizieren.

Reputationsauslöser verkaufen

Vergessen die üblichen *„Tage der offenen Türen"*. Rein, raus, keiner kauft. Oder noch schlimmer: keiner kommt.

Sie sind Besitzer eines Küchenstudios? Organisieren Sie doch einfach einen Kundenevent in Ihrem Küchenstudio, der auf *„verkaufen"* basiert. Laden Sie Interessenten und Stammkunden persönlich ein. Interessenten und Kunden kochen also zusammen unter Anleitung eines Spitzenkochs aus Ihrer Region. Ihre Kunden erzählen so ganz nebenbei, dass sie ihre Küche bei Ihnen gekauft haben. Glaubwürdigkeit, Vertrauen entsteht – Ihr guter Ruf wird immer besser.

Sie merken: Nicht Sie als Chef stehen vorne und präsentieren Ihr Produkt, biedern sich regelrecht an. Nein, nicht Sie müssen aktiv verkaufen. Lassen Sie das Ihre Kunden erledigen. Die Funktionen Ihrer Küchen werden so ganz nebenbei mit präsentiert. Das ist glaubwürdiger. Glauben Sie mir.

Oder organisieren Sie eine Wein-, Bier-, Sushi-Probe für Ihre Kunden, zu der aber jeder Kunde einen Bekannten mitbringen muss. Glauben Sie, Sie werden verkaufen, ohne selbst *„in die Bütt"* zu müssen.

Ein Beispiel aus der Praxis: Margit Lang Finanzberatung bei Stuttgart organisiert jährlich für ihre Kunden ein vorgabewirksames Golfturnier. Jeder Kunde sollte aber bitteschön einen Golf spielenden Bekannten mitbringen. Abends gibt es leckeres Essen und tolle Gespräche. Und Sie können sicher sein, dass Margit Lang darüber verkauft – ohne je direkt verkaufen zu müssen. So einfach ist das.

...und noch einer zum Schluss

Oder: Wenn Kunden Schlange stehen. Nutzen Sie fremde Events, Messen, Marktplätze, Weihnachtsfeiern, um mit Ihren Konsumenten in Kontakt zu kommen.

Auf unserem städtischen Weihnachtsmarkt verkauft ein Thüringer Metzger jedes Jahr drei Wochen lang eine Original Thüringer Bratwurst. Kostenpunkt 2,20 Euro inklusive Brötchen, der Doppeldecker für vier Euro. Ich kann sie übrigens nur empfehlen.

Die Verkaufsfläche ist acht Quadratmeter groß und verfügt über ein Plastikdach gegen den Schnee oder den Regen. Am Grill arbeiten zwei Leute, an der Kasse steht ein Verkäufer. Vor dem Stand steht eine Menschenschlange von durchschnittlich zwanzig Metern für die besagte Bratwurst an. Und dies seit Jahren. Kein Gedanke an zwei Grills, vier Leute und dafür nur zehn Meter Schlange. Und es ist sicherlich nicht die einzige Wurst, die man auf dem Weihnachtsmarkt kaufen kann. Fünf Meter daneben gibt es eine Rote zum gleichen Preis, aber ganz ohne Stau.

Was ist das Erfolgsgeheimnis: Der Metzger reist extra an, aus unserer Partnerstadt. Er hat das genial erkannt, er nutzt fremde Marktplätze für sich. Und was passiert in der Stadt? Mund-Propaganda: *„Hast du dieses Jahr schon die Thüringer gegessen?" „Bist du auch wieder so lange in der Schlange gestanden?"* Das Ergebnis für den Metzger: Tausende verkaufter Thüringer Bratwürste in drei Wochen.

Auf den ersten Blick erscheint es etwas schwierig, fremde Marktplätze zu nutzen. Aber eigentlich verlangt es nur etwas Kreativität. Die Firma VAUDE aus Tettnang am Bodensee ist ein Outdoor-Hersteller der ersten Stunde und produziert Schlafsäcke, Rucksäcke, Bekleidung und Zelte. VAUDE ist selbstverständlich Aussteller auf der jährlich stattfindenden Outdoor-Messe in Friedrichshafen. O.k. soweit. Firmengelände und Messegelände sind ein paar Kilometer voneinander entfernt. Die Party, die VAUDE während der Messe auf seinem Firmengelände veranstaltet, ist allerdings legendär.

Wollen Sie noch einen oben drauf? Ein Mitbewerber hat vor Jahren den Marktplatz von VAUDE für eine Guerilla-Marketingaktion genutzt. Als bei VAUDE zu später Stunde das Essen auszugehen drohte, hat der Mitbewerber kurzerhand einen Lkw vorfahren und 500 Pizzen über das Festgelände hinweg verteilen lassen. Sie können sich vorstellen, was da los war. VAUDE hat dies damals, wenigstens nach außen hin, locker genommen. Guten Appetit.

**Meine Gedanken/Anregungen/Ideen/Erkenntnisse
zur Verbesserung des Rufes im Bereich Events:**

Trojaner:
Haben Sie schon ein Buch geschrieben?

Reputationstool Trojaner

1194 bis 1184 vor Christus: Der Trojanische Krieg ist ein zentrales Ereignis der griechischen Mythologie. Homers Ilias schildert entscheidende Kriegsszenen während der Belagerung der Stadt Troja (Ilion) durch das Heer der Griechen, die in der Ilias Achaier genannt werden. Dabei wird insgesamt allerdings nur von 51 Tagen der zehnjährigen Belagerung berichtet. Andere Ereignisse sind durch andere Epen innerhalb des sogenannten epischen Zyklus überliefert.

Mythischer Auslöser des Trojanischen Krieges war die Entführung der Helena, Gattin des Menelaos, durch Paris, den Sohn des trojanischen Königs Priamos (siehe Abschnitt Das Urteil des Paris). Daraufhin zogen die vereinten Griechen gegen Troja, um sich zu rächen. Trotz zehnjähriger Belagerung gelang es jedoch nicht, die stark befestigte Stadt zu erobern.

Auf Rat des Odysseus bauten die Griechen endlich ein großes hölzernes Pferd, in dem sich die tapfersten Krieger versteckten und täuschten die Abfahrt ihrer Schiffe vor. Die Trojaner holten entgegen den Warnungen der Kassandra und des Priesters Laokoon das Pferd in die Stadt. In der Nacht kletterten die Griechen aus ihrem Versteck, öffneten die Tore und konnten so die Trojaner überwältigen. Aus dieser Begebenheit heraus entstand der bis heute gängige Begriff des Trojanischen Pferdes. In einer anderen Version heißt es, dass die Griechen das Pferd so groß gebaut hatten, dass es nicht durch Trojas Tore gepasst hätte. So haben dann die Trojaner die eigenen Mauern eingerissen, um das hölzerne Pferd in die Stadt zu holen (Quelle: Wikipedia).

Kommunizieren Sie ... unbedingt!

Waren Sie schon einmal bei einer Veranstaltung und wollten eigentlich nichts kaufen. Ich war zum Beispiel vor kurzem bei einem Vortrag und habe dann gleich zwei Bücher gekauft.

Was ist eigentlich ein Trojaner? Die bekannteste Kriegslist aller Zeiten, das Trojanische Pferd, wurde für das Marketing von heute institutionalisiert, um die Kunden wieder zu erreichen und dabei mitten ins Kundenherz zu treffen. Das

„normale" Marketing rechnet mit existierenden Märkten. Beim trojanischen Marketing hingegen sucht man nach *„zu schaffenden Märkten"*.

Daraus leitet sich auch die Definition des trojanischen Marketings ab: *„Trojanisches Marketing ist das konsequente, systematische Suchen, Identifizieren und Nutzen Trojanischer Pferde"*. Ein trojanisches Pferd im Marketingsinn ist alles, was geeignet ist, auf indirekten unkonventionellen Wegen, also abseits von verstopften Informationskanälen, die Zielgruppe nachhaltig zu erreichen. Es ist also ein Werkzeug im *„guten"* Sinne – nicht um Krieg im klassischen Sinne zu führen, sondern um auf anderen Wegen mit dem Kunden zu kommunizieren.

Ein einfaches Beispiel dazu: Post-it®, eine Marke, die inzwischen jeder kennt, war anfangs ein Flop. Niemand erkannte die Nützlichkeit des Produkts, niemand wollte es haben.

Bis 3M auf die Idee kam, eine quasi trojanische Marketingstrategie ein-zu-schlagen. Man verschenkte die Post-it® massenhaft an Chefsekretärinnen großer Firmen, die zwar anfangs auch wenig damit anfangen konnten, aber im Laufe der Zeit immer mehr darauf kamen, wie nützlich diese Klebezettel sein konnten. Und damit begann der Siegeszug. Die Nachfrage stieg kontinuierlich und heute sind Post-it® aus unserem privaten und beruflichen Umfeld praktisch nicht mehr wegzudenken. So hat trojanisches Marketing langsam aber sicher zum Erfolg geführt.

Die Firma Alb-Gold produziert Eiernudeln. Der Mittelständler hat aus seinem Unternehmen eine Touristenattraktion gemacht. Knapp 400 000 Besucher lockt er jährlich in seine Firma. *„Wow"*. Alles Kunden, die freiwillig kommen.

Ernährungswissenschaftler führen die Besuchergruppen durch den Produktions-betrieb. Alle Besucher, die Gruppen zählen zirka 60 Personen, tragen weiße Kittel und Haarhauben. Den Besuchern wird während der Führung geduldig erklärt, wie die Nudeln hergestellt werden und dass sich die Jahresproduktion auf 65 000 Tonnen beläuft. Für die Besucher scheint das spannend zu sein, denn sie kommen in Scharen, kaufen und empfehlen die Alb-Gold-Nudeln ihren Bekannten.

Aber das ist noch nicht alles. Die Familie Freidler (Geschäftsführerin Irmgard Freidler mit den Söhnen Oliver und André) verstehen ihr Geschäft. Im 600 Quadratmeter großen Kundencenter werden nicht nur Nudeln verkauft. Längst werden regionale Produkte zum Verkauf angeboten. Im Restaurant gibt es Nudeln satt. Und übers Jahr hält Familie Freidler seine Gäste mit Aktionstagen und Märkten bei Kauflaune.

Ein Blick in die industrielle Produktion von Nudeln aller Art. Das ist der Trojaner, der verkauft. Längst ist das Kundencenter zum Profitcenter geworden und hat Anteil am Gesamtumsatz. Das Wichtigste daran: Die Kunden kommen freiwillig und sie bezahlen sogar ihre Anfahrt. Glauben Sie mir: Keine Anzeigenkampagne und kein Fernsehspot kann diese direkte Form der Kommunikation mit den Kunden ersetzen.

Reputationsauslöser Buch oder Vortrag

Haben Sie schon ein Buch geschrieben? Haben Sie schon bei einem Gespräch mit einem Interessenten ein – IHR – Buch über den Tisch geschoben und gesagt: *„Ja, zu diesem Thema habe ich bereits ein Buch veröffentlicht."* Schauen Sie Ihrem Gegenüber dabei in die Augen. Sie werden die Reaktionen bemerken: Jetzt, genau jetzt, sind Sie zum anerkannten Experten auf Ihrem Gebiet geworden. Das einzige, was Ihr Kunde jetzt noch wissen will, sind Ihre Konditionen.

Und Sie erhalten Anfragen, ganz ohne Akquise betreiben zu müssen, einfach nur, weil Ihr Buch bei Amazon gelistet ist. Ist das nicht der Hammer?

Ob Sie einen einstündigen Fachvortrag bei einem XING-Treffen oder eine zehnminütige Keynote während eines Jahreskongresses halten, Sie werden jedes Mal nach dem Vortrag von mindestens einem Zuhörer gefragt, ob Sie etwas für ihn machen könnten. Also sind Vorträge typische Trojaner, die verkaufen, ohne dass Sie selbst aktiv werden müssen. Denn sobald Sie es so weit bringen, dass Sie über Ihr Fachgebiet Vorträge halten, sind Sie anerkannter Experte auf Ihrem Gebiet. Ob nun für Photovoltaik oder für gesunde Ernährung.

Reputationsauslöser Großveranstaltung

Kostenlose oder Niedrigpreis-Vorträge: Wie viel kosten ein gutes Seminar oder eine ein- bis dreitägige Weiterbildung für einen Unternehmer? Natürlich ist es abhängig von der Branche und dem Trainer, doch meistens muss man für zwei, drei Tage 800 Euro bis 2.500 EUR bezahlen. Manchmal auch weit mehr. Gibt es so etwas auch für 100 Euro oder sogar kostenlos? Ja, das gibt es. Die Firma Success Resources hat sich darauf spezialisiert, Veranstaltungen über drei Tage zu extrem günstigen Preisen anzubieten. Sie erleben live Persönlichkeiten wie Sir Richard Branson, Donald Trump oder Tony Robbins und viele andere Profis auf ihrem

Gebiet. Wie machen die das oder wo ist der Haken dabei? Ganz einfach – über die Masse. An den Seminaren nehmen von 1 000 bis manchmal 10 000 Teilnehmer teil. Ja, Massenveranstaltungen. Sie sagen jetzt wahrscheinlich *„Das ist ja der größte Schwachsinn, bringt nichts und hat keinen Nutzen...".* Nun gut, diese Meinung können Sie natürlich haben. Doch wenn Sie nur die Hälfte von den Inhalten, Tipps und Empfehlungen in Ihrem Leben umsetzen würden, wären Sie bestimmt schon um einiges weiter. Und ist dies für 100 Euro wirklich so schlecht?

Nun gut, auch die Trainer und Success Resources müssen Geld verdienen und Gewinne erwirtschaften. Und aus diesem Grund kombinieren sie die Seminare, bei denen wertvoller Inhalt transportiert wird, mit einer Verkaufsveranstaltung. Nein, keine Kaffeefahrt. Unternehmerisch effizient und effektiv. Chet Holmes hatte mehrfach die Umsätze von neun Firmen der Milliardäre Charlie Munger und Warren Buffet in zwölf bis fünfzehn Monaten verdoppelt, er gehört zu Amerikas besten Verkaufs- und Marketing Spezialisten und er hat den Bestseller „The Ultimate Sales Machine" geschrieben. Und dieser Verkaufsprofi kommt aufgrund seiner *„Stadionanalyse"* zu folgender Erkenntnis: ***„Zu jedem gegebenen Zeitpunkt sind drei Prozent Ihrer potentiellen Interessenten bereit, Ihr Produkt oder Ihre Dienstleistung jetzt zu kaufen und sich jetzt dafür zu entscheiden.***[1] *Weitere sechs bis sieben Prozent stehen der Sache positiv gegenüber, suchen allerdings nicht aktiv danach."* Wenn Sie dies nun im Einzelkundengespräch bewerkstelligen wollen, brauchen Sie einen langen Atem. Deshalb füllen Seminarveranstalter große Hallen, damit die Trainer die Möglichkeit haben, die drei Prozent der potentiellen Interessenten zu erreichen, die **an dieser** Veranstaltung eine Entscheidung treffen. Bei 1 000 Teilnehmern sind das für ein Produkt dreißig Personen. Diese sind bereit, die weiterführenden Veranstaltungen zu buchen. Der Rest wird das Seminar verlassen, ohne weitere Produkte gekauft zu haben. Doch diese Teilnehmer hatten wahrscheinlich Spaß, konnten Anregungen und Inhalte mitnehmen, haben neue Menschen kennengelernt und werden über die Veranstaltung berichten. Natürlich müssen Sie immer guten und wertvollen Inhalt liefern, doch durch diese Art von Trojaner werden an einem Wochenende Verkäufe in Millionenhöhe möglich, da die Kunden zu sehr günstigen Preisen *„schnuppern"* können. Über eine andere Maßnahme wäre dies kaum denkbar.

---

[1] At any given time 3% of your prospects are currently in the market to buy your product or service and looking right now to get it. Another 6-7% are open to it, but not currently looking) – Chet Holmes ist im August 2012 an Leukämie verstorben.

Reputationsauslöser Hilfestellung

Kostenlose Snacks und Massagen sind legendäre Vorteile für Google-Mitarbeiter, doch wie jetzt bekannt wird, wirken manche Vergünstigungen auch nach dem Tod weiter. Die Partner verstorbener Google-Angestellten bekämen zehn Jahre lang ein halbes Gehalt ausgezahlt, sagte Google-Personalmanager Laszlo Bock dem Magazin „Forbes". Außerdem würden sofort alle Aktienoptionen eingelöst. Die Kinder bekämen 1.000 Dollar im Monat, bis zum Alter von 19 Jahren oder, falls sie studieren, sogar bis 23.

Hintergrund ist der harte Kampf der großen US-Internetunternehmen um die besten Mitarbeiter. Vor allem Google und Facebook wetteifern um Talente. Neben hohen Gehältern geht es um Aktienoptionen, die viele zu Millionären machen. Auch die Vergünstigungen am Arbeitsplatz gehören immer mehr zum Standard.

Es bleibt natürlich abzuwarten, wie lange sich Facebook und Google dies leisten können oder wollen. Aber ich will aufzeigen, wie weit Hilfe auch in mittelständischen Unternehmen dazu führen kann, Mitarbeiter zu gewinnen, zu halten, zu begeistern und zu Multiplikatoren für das Unternehmen zu machen.

Seit mehr als zwanzig Jahren hat sich der Reinigungsspezialist Kärcher auf die kostenlose Reinigung bedeutender Kulturdenkmäler spezialisiert. So wurden etwa 2005 die Präsidentenköpfe am Mount Rushmore, einem der Nationalsymbole der USA, von Kärcher vor den Augen Amerikas von steinschädigenden Schmutzschichten befreit.

Wir befragten dazu Hartmut Jenner, Vorsitzender der Geschäftsführung der Alfred Kärcher GmbH & Co. KG:

GUNTHER T. VERLEGER: Sie sind mit Ihrem Unternehmen sehr stark im Kultursponsoring tätig, indem Sie kulturelle und historische Objekte reinigen. Woher kam die Idee, was hat es damit auf sich?

HARTMUT JENNER: Dieses Engagement ist für uns aus drei Gründen wichtig: Erstens: Wir können dadurch positive Öffentlichkeitsarbeit betreiben. Daraus machen wir kein Geheimnis. Zweitens: Auch wenn es die wenigsten wissen und sich nicht vorstellen können – wir müssen in vielen Ländern noch Aufklärungsarbeit leisten und demonstrieren, was ein Reinigungsgerät alles kann. Die wenigsten wissen, was eine Scheuersaugmaschine oder ein Hochdruckreiniger tatsächlich können. Drittens: Wir treiben damit Innovationen voran. Jedes Denkmal ist ein Individuum. Um diese Objekte zu reinigen, bedarf es im Durchschnitt einer Vorbereitungszeit von zwei bis drei Jahren. Es werden duzende Testflächen angelegt, unterschiedliche Reinigungsmittel und -techniken werden erprobt, folglich entstehen hier Innovationen. Die Arbeiten finden stets in enger Zusammenarbeit mit den Denkmalseigentümern, den zuständigen Behörden, Restauratoren, Kunsthistorikern und anderen Fachwissenschaftlern statt; so wird sichergestellt, dass für jedes Objekt die beste Reinigungsmethode zur Anwendung kommt. Dies begeistert unsere Kunden.

GUNTHER T. VERLEGER: Ist dies für Sie dann auch eine gewisse Spielwiese?

HARTMUT JENNER: Ich würde es absolut nicht als Spielwiese bezeichnen, denn auch uns liegt daran, die Lösung zu finden, wie immer Top-Ergebnisse zu liefern und unser Markenversprechen in Bezug auf Leistung zu erfüllen.

JÜRGEN LINSENMAIER: Wie kommunizieren Sie diese ganze wissenschaftliche Detailarbeit, die diese Projekte mit sich bringen?

HARTMUT JENNER: Natürlich laden wir dann zu Presse-Veranstaltungen ein und stellen vor, was unsere Anwendungstechniker geleistet haben. Besonders schön ist es, wenn, wie dies in Berlin nach der Reinigung der Kaiser-Wilhelm-Gedächtnis Kirche geschah, der Pfarrer öffentlich und mit Begeisterung darüber spricht. Vor der Reinigung der 27 400 kleinen Fensterflächen musste in der Kirche auch tagsüber das Licht eingeschaltet werden. Eine nach der Reinigung durchgeführte Helligkeitsmessung im Innenraum der Kirche hat ergeben, dass sich das natürliche Licht in seiner Leuchtkraft um etwa vierzig Prozent gesteigert hat. Die Kirche spart dadurch jährlich 30.000 Euro an Stromkosten.

JÜRGEN LINSENMAIER: Würden Sie jedes Kulturobjekt reinigen?

HARTMUT JENNER: Nein, das hängt vom Objekt ab. Wir haben auch schon Anfragen abgelehnt. Unser Reinigungsprojekt sollte immer Teil einer Gesamtsanierungsmaßnahme sein, die dem Erhalt des Denkmals dient. Im Falle der Gedächtnis-Kirche wurde beispielsweise ein völlig neues Beleuchtungskonzept installiert.

GUNTHER T. VERLEGER: Sie stecken viel Arbeit und Energie in diese Aktivitäten. Können Sie hier eine positive Veränderung auf die Verkaufszahlen Ihrer Produkte messen?

HARTMUT JENNER: Für uns ist es immer wieder spektakulär, wie positiv die Öffentlichkeit unsere Unterstützung für die kulturellen Objekte wahrnimmt. Die Menschen in der jeweiligen Heimat berührt dies. Eine klare Korrelation auf die Verkaufszahlen gibt es nicht. Allerdings kann man messen, wie häufig die Meldungen in den unterschiedlichen Medien gewesen sind. In den USA kam im Zuge der Berichterstattung über das Reinigen der Präsidentenköpfe zu über 800 Fernseheinblendungen – dies hat natürlich Wirkung.

Doch uns geht es nicht nur darum, durch diese Aktionen die Verkaufszahlen zu pushen. Wir leisten dadurch auch einen Beitrag für die Gesellschaft zum Werterhalt. Und wir stellen uns immer wieder neuen Herausforderungen, um die Position des Besten im Markt zu festigen und zu verteidigen. Auch für die Innenwirkung ist es sehr positiv, wenn innerhalb der Belegschaft die Menschen erzählen können „Ja, wir haben Mitarbeiter, die sich an extrem kritischen Stellen in schwindelerregender Höhe abseilen können“.

GUNTHER T. VERLEGER: Was würden Sie einem kleineren Unternehmen empfehlen, das nun vielleicht nicht so viel Budget hat, um ein Projekt über mehrere Monate oder Jahre zu begleiten, allerdings im Sponsoring aktiv werden möchte?

HARTMUT JENNER: Unser Ansatz ist: **Wir machen Sponsoring mit Know-how und nicht nur mit Geld.** *Und genau dies gebe ich jedem Unternehmen mit. Was können Sie mit Ihrem Know-how, das in einem konkreten Bezug zu Ihrem Unternehmen steht, beitragen? Geld allein als Sponsoring einzusetzen verwittert. Sie erinnern sich vielleicht noch an die Oderbruch Hochwasserkatastrophe. Nachdem das Wasser wieder abgelaufen war, hatten viele Ortschaften erhebliche Probleme mit den trocknenden Schlammmassen und Verunreinigungen. Von Kärcher sind freiwillig vierzig Mitarbeiter ins Krisengebiet gefahren und unterstützten bei der Reinigung zweier Ortschaften. Hier gab es eine tolle Rückmeldung mit Berichterstattung und Ehrungen vom Regierungspräsidenten. Nach der Aktion waren die Mitarbeiter besonders motiviert und stolz.*

GUNTHER T. VERLEGER: War das die Idee der Geschäftsleitung oder der Mitarbeiter?

HARTMUT JENNER: Die Idee kam von den Mitarbeitern. Wir haben die Fahrzeuge, die Ausrüstung und natürlich die Arbeitszeit gestellt.
Doch dem Sponsoring sind keine Grenzen gesetzt. Am <u>Matsudagawa Staudamm in Japan</u> oder der <u>Talsperre Eibenstock</u> haben Künstler durch die Reinigung Kunstwerke erschaffen.

JÜRGEN LINSENMAIER: Ist dieses Kultursponsoring die wichtigste Marketingmaßnahme, um den Ruf zu verbessern?

HARTMUT JENNER: Nein, wir haben ein klassisches Marketingbudget und einen Marketingmix. Doch es ist eine tolle flankierende Maßnahme, die heute zur Marke Kärcher gehört und mit dazu beiträgt, den Ruf in der Öffentlichkeit zu fördern. Darauf wollen wir nicht mehr verzichten.

JÜRGEN LINSENMAIER: Anders gefragt: Wenn Sie das Kultur-Sponsoring weglassen würden, würde sich dies auf den Ruf Ihres Unternehmens auswirken?

HARTMUT JENNER: Mit Sicherheit, denn wir haben dies in den letzten Jahren professionalisiert, es ist fester Bestandteil unserer Kommunikationsstrategie und wir reinigen durchschnittlich vier bis fünf große Objekte im Jahr. Insofern gehört es dazu und würde bestimmt Auswirkungen haben, wenn wir es komplett streichen würden.

Reputationsauslöser Museum

Nennen Sie Ihre Attraktion wie Alb-Gold Kundenzentrum oder wenn Sie, wie Porsche, ein Autobauer sind, gleich Porsche-Museum. Die Besucherzahlen werden sie überraschen.

Die Zahlen für die BMW-, Porsche- und Daimler-Museen sind unschlagbar. Diese Art der Kommunikation mit dem Konsumenten ist unbezahlbar.

Und dabei ist ein derartiger Reputationsauslöser nicht nur für große Firmen geeignet. Laden Sie als Winzer zur Weinprobe mit Betriebsbesichtigung ein, als

Metzger zum monatlichen Grilltag mit einer Besichtigung der Produktion und als Restaurant oder Hotel einmal im Monat zur Küchenparty.

Mit unserer Marketingagentur sind wir Sponsor des TV Bittenfeld, eines regionalen Handballvereins, der in der zweiten Bundesliga spielt. Einer der Hauptsponsoren – die Brauerei Distelhäuser – hat zur Betriebsbesichtigung geladen, einer Führung mit anschließender Bierprobe. Neben anderen Kundenevents, die Distelhäuser organisiert, ist die Brauereiführung, laut Aussage des Vertriebsleiters, ein wichtiger Eckpunkt der Kommunikation mit dem Verbraucher.

Das Angebot reicht von der Führung über das Bierfest bis hin zum Biershop. Auf der Homepage heißt es dazu:

Die Distelhäuser Erlebniswelt ist wahrlich eine Welt voller Erlebnisse. Schließlich haben wir nicht nur ein frisches Bier zu bieten, sondern auch „immer eine frische Idee".

Bei der Erlebnisbesichtigung beispielsweise lernen die Teilnehmer, wie unser Bier gebraut wird – mit welcher Technik, mit welcher Qualität und mit welcher Philosophie.

Im Brauhaus kann der Genießer bierige und regionale Spezialitäten verkosten, in der alten Füllerei kann er sich von zahlreichen Events verzaubern lassen.

Auch die Events des Distelhäuser Clubs rund ums Bier bieten dem Bierliebhaber neben einer großen Portion Spaß auch jede Menge Wissenswertes zu Bierkultur und Biervielfalt.

Die Freunde eines gepflegten Distelhäusers treffen dort ihresgleichen und in unserem Distelhäuser Shop gibt es für Fans tolle Artikel.

...und noch einer zum Schluss

Gerade las ich auf Bild.de, dass ein Anwalt gegen die GEZ-Gebühren klagt. Ein durchaus übliches Mittel, um in die Medien zu kommen. Bereits der Staranwalt und Strafverteidiger Rolf Bossi hat das praktiziert, indem er immer wieder berüchtigte Schwerverbrecher verteidigte. Vermutlich nicht zu den üblichen Honorarsätzen, die er bei Prominenten ansetzte. Der genannte Anwalt, Michael Kluska, will nicht länger die GEZ-Gebühren bezahlen, was ich durchaus verstehen kann und nutzt diese Tatsache, um eine Klage gegen den NDR beim Verwaltungsgericht Hannover anzustreben. Notfalls, so bereits seine Ankündigung in den Medien, will er sogar bis zum Verfassungsgericht gehen.

Der Einsatz dieses Trojaners bringt ihn doch zügig in mehrere Medien, wie die Google-Suche beweist. Für eine eigene Webpräsenz hat es Rechtsanwalt Kluska nicht mehr gereicht. Nun immerhin ist er ja auch schon 67 Jahre alt und plant wohl eher den Ruhestand.

Das Beispiel soll auch nur dazu dienen, sich einmal Gedanken zu machen, wie ich denn in bestimmten Branchen in die Medien komme und letztlich meinen Ruf verbessere und auf eine breitere Basis stelle.

**Meine Gedanken/Anregungen/Ideen/Erkenntnisse
zur Verbesserung des Rufes im Bereich Trojaner:**

Web 2.0: Meinen Sie auch, dass Ihre Kunden nicht über Sie sprechen?

Baustelle Internet

Kennen Sie das: Sie tippen den Domainnamen fein säuberlich in den Browser ein – und es erscheint das Baustellenzeichen. Das gibt es auch heute noch, wenn auch zugegebenermaßen deutlich seltener.

Was man allerdings auch heute noch ziemlich oft sieht, sind die Seiten, die ein Bekannter, der Neffe oder ein anderes Mitglied der Verwandtschaft programmiert und designt hat. Nach dem Motto: *„Ich kenne da einen Freund, der macht das schnell und günstig“.* Stimmt, günstig macht er das wohl. Schnell – na ja. Professionell – in den seltensten Fällen. Glauben Sie mir: Mit einem selbst gestrickten Schal können Sie vielleicht punkten. An Reputation gewinnen Sie aber ganz sicher nicht mit einem selbst gebastelten Internetauftritt.

Und dann gibt es Internet- und Werbeagenturen. Leider haben manche davon einfach keine Ahnung. Sorry, liebe Agenturen. Da wird außerhalb der eigenen Kernkompetenz navigiert, programmiert und designt, was das Zeug hält. Das Ergebnis: Standardnavigationen und ein technisch komplett unterbelichteter Auftritt.

Und die professionellen Agenturen, die es draufhaben, kämpfen mit den vorher genannten Unternehmern, die die schnelle und billige Lösung bevorzugen.

Regel Nummer eins: Ihre Internetpräsenz ist eine Ihrer Außendarstellungen, die Ihre Authentizität darstellen muss. Gute, professionelle Internetauftritte kosten ihr Geld. Für 1.500 Euro können Sie weder technische Kompetenz erwarten noch einen erstklassigen Text.

Wichtig ist ein qualifizierter Internetauftritt deshalb, weil es – neben dem Tool Presse – das zweite Reputationstool ist, bei dem Sie Ihren Kunden nicht direkt in die Augen schauen.

Buchen Sie noch ein Hotelzimmer, bei dem der Internetauftritt des Hotels keinen guten Eindruck hinterlassen hat? Buchen Sie noch eine Reise, bei der Sie das Hotel vor Ort nicht im Internet gecheckt haben? Ihre Homepage kann also der erste Eindruck sein, den ein potenzieller Kunde von Ihnen erhält und der ihm ein erstes positives oder negatives Bauchgefühl vermittelt. Hier wird Authentizität kommuniziert, das Gefühl, ob es ehrlich und echt zugeht.

Genau das verlangt nach einer professionellen Agentur.

Konkret heißt das auch, dass ein zweitrangiger Internetauftritt an dieser Schnittstelle zum Kunden nichts verkauft. Das Problem dabei ist, Sie merken es noch nicht einmal.

Sie sind der Meinung, dass man auch reinfallen kann, dass gelogen wird? Sicher ist das möglich. Aber das spricht sich schnell herum. Denn dafür gibt es ja Bewertungsportale. Aber dazu später.

Deshalb bezeichne ich sowohl fehlende Internet-Auftritte als auch qualitativ schlecht umgesetzte und nicht zum Kunden passende als Baustelle. So eine Endlosbaustelle im Internet beeinflusst auf direktem Wege Ihre Reputation – leider in die falsche Richtung.

Wie finden Sie also eine gute Agentur für Ihren Auftritt? In der Internetbranche dreht sich das Rad sehr schnell. Deshalb ist Fachwissen gefragt und zwar topaktuelles.

Erfahrene Internet-Agenturen programmieren nicht nur, sondern verbringen zusätzlich viel Zeit damit, Sie zu beraten und Ihre Webseite professionell zu planen. Schauen Sie auf jeden Fall auf die Referenzen und Kundenstimmen der Agentur.

Bringen Sie das Thema Reputation ins Gespräch und erwarten Sie diesbezüglich konkrete Vorschläge.

Oberstes Gebot dabei ist, dass die Internet-Agentur Ihnen zuhört. Stellt sie Fragen, um mehr über Sie und Ihr Unternehmen zu erfahren? Bezieht sich das Angebot auf Ihre individuellen Bedürfnisse? Nur wenn das der Fall ist, Sie einen guten persönlichen Eindruck haben und die Chemie stimmt, können Sie auch die Preise vergleichen.

Unser Interviewpartner Globetrotter Ausrüstung hat als eines der ersten Unternehmen das Internet für sich genutzt und war einer der ersten Online-Versandhändler – noch vor Amazon – auf Grundlage von <u>BTX</u>, mit Webshop.

JÜRGEN LINSENMAIER: Sie haben schon sehr früh einen Internetshop gehabt. Gab es Amazon damals schon?

ANDREAS BARTMANN: Nein, Amazon gab es da noch nicht. Wir sind gestartet, sobald die Technik verfügbar war.

JÜRGEN LINSENMAIER: Damals gab es doch sicherlich wenig Know-how in diesem Zusammenhang. Wie schwierig war der Aufbau?

ANDREAS BARTMANN: So schwierig war das damals gar nicht. Die Strukturen waren weit weniger komplex. Man darf das nicht mit den heutigen Plattformen vergleichen, hinter denen riesige Datenbanken stehen. Wir hatten genug Freaks hier in der Firma, die sich mit dem Thema beschäftigt haben. Es ging dabei in erster Linie darum, ein paar Artikel aufzuführen, zu beschreiben – und dann zu kommunizieren.

Mit den Jahren haben wir uns natürlich richtig gut entwickelt. Dabei ist es von Vorteil, wenn man ein junges Unternehmen ist, das solchen Themen gegenüber offen und extrem aufgeschlossen war. So waren wir anderen Unternehmen einen Schritt voraus, was natürlich für uns wiederum sehr positiv war.

GUNTHER T. VERLEGER: Vergleichen wir das mit anderen Portalanbietern, beispielsweise Zalando oder Amazon, die meist keinen wirklichen Kontakt mehr mit dem Kunden haben, auf der anderen Seite aber unglaublich viel über diesen Kunden wissen, weil das Surfverhalten genauestens dokumentiert wird. Sie hingegen haben auch den persönlichen Kontakt über Ihre Einzelhandelsgeschäfte. Dennoch stellt sich uns die Frage, wie Sie als im Online-Bereich sehr aktives Unternehmen an der Stelle mit Ihrem Ruf umgehen?

ANDREAS BARTMANN: Ich würde fast sagen, die genannten Portale wissen mehr von ihren Kunden als wir. Der Kunde outet sich ja nicht direkt durch sein Verhalten, sondern durch diese Schemen des Kaufverhaltens. Diese Informationen bekommen wir bei persönlichen Kontakten nicht einmal ansatzweise, da müssten wir schon absolute Top-Psychologen beschäftigen. Was uns letztendlich unterscheidet und woraus wir unseren Vorteil ziehen, sind unsere Glaubwürdigkeit und die Identität mit dem Online-Thema. Gerade Branchen wie die unsere brauchen eine Szene, ein Umfeld, eine Community.

GUNTHER T. VERLEGER: Ist es nicht mehr so, dass der Kunde ins Fachgeschäft geht und sich beraten lässt, zum Schluss aber dann im Internet, oder dort wo es am billigsten ist, einkauft? Stirbt der Einzelhandel dann nicht auf lange Sicht aus? Oder haben Sie dieses Problem als Einzel- und Versand-händler nicht?

ANDREAS BARTMANN: Doch haben wir. Und wir sehen auch, dass an diesem Punkt nachjustiert werden muss. Das Thema „Beratungsklau" gab es im Einzelhandel schon vor zwanzig, fünfundzwanzig Jahren. Es hat nur eine neue Komplexität bekommen. Dieser Hype und diese Entwicklung sind ja tatsächlich erst seit vier, fünf Jahren auch so transparent geworden. Und natürlich sind sie inzwischen zu einem echten Problem geworden. Wenn ein Kunde einen Artikel anstatt für 300 Euro anderswo für 200 Euro erhält, spricht er über eine für ihn erhebliche Differenz, für die er ja auch viel arbeiten muss. An einem gewissen Punkt hört seine Loyalität auf.

Kommunizieren Sie ... unbedingt!

Sein Blog wurde 2011 zur *„Handwerkerseite des Jahres"* gewählt. Zu den Fakten:

- 696 Fans auf Facebook (Stand 10/2012)
- 251 177 monatliche Besuche und 408 835 monatliche Seitenaufrufe auf seiner Homepage (Stand 08/2012)
- 16 936 Follower auf Twitter (Stand 10/2012)

Wen referenziere ich hier? Sie können es sich wohl denken – ich rede von www.malerdeck.de.

Das sind beeindruckende Zahlen. Ich nehme hier ganz bewusst das Beispiel eines Handwerkbetriebes. Warum? Weil niemand als erstes auf den Gedanken kommt, dass das bei einem Handwerksbetrieb funktionieren könnte. Bei Coca Cola ja, bei den Rolling Stones ja, aber doch nicht bei einem Handwerksbetrieb. Werner Deck gilt inzwischen als Mister Social Media und hält zum Thema Vorträge in ganz Deutschland.

Der wichtigste Schritt: Erkennen Sie als erstes den grundsätzlichen Sinn für sich und Ihr Unternehmen. Passt das zu meiner Persönlichkeit? Komme ich authentisch rüber? Im Übrigen ist es gar nicht so einfach, einen persönlichen Stil zu entwickeln. Werner Deck bindet die Menschen mit ein, erzählt persönliche Geschichten und Erlebnisse, gibt Tipps. Das Ergebnis: Die Leser kommunizieren mit ihm über Twitter, Facebook, per E-Mail oder veröffentlichen Kommentare in seinem Blog.

Seite Anfang 2010 hat er für sich Social Media entdeckt und seitdem nutzt er Blog, Twitter, Google+, Facebook, YouTube und Artikel in Fachzeitschriften und ist der festen Überzeugung, dass sich die Wellen, die er an Mundpropaganda auslöst, in Aufträgen niederschlagen. Vier Prozent aller Aufträge lassen sich bereits jetzt direkt diesen Aktivitäten zuordnen, was auch viele Hinweise auf seinen Seiten bestätigen. @AmFiD (aus Karlsruhe) twittert zum Beispiel folgendes: *„Ich hab zwar momentan nix zu renovieren, aber falls ich was hätte, wäre malerdeck meine erste Wahl. Schon aus Prinzip."*

Der zweitwichtigste Schritt: Kommunizieren Sie. Werner Deck kommuniziert wirklich. Eine Direktnachricht auf Twitter wird von ihm beantwortet. Ich hab es selbst mehrmals ausprobiert!

Auch unser Interviewpartner Globetrotter Ausrüstung ist in den Social-Media-Netzwerken vertreten und zwar, nach eigenen Aussagen, rund um die Uhr.

JÜRGEN LINSENMAIER: Kommen wir zu den Bewertungsportalen oder den Social-Media-Kanälen wie Facebook etc. Wissen Sie, was in den Portalen über Sie geschrieben wird?

ANDREAS BARTMANN: Ja, das wird sehr umfangreich gepflegt.

JÜRGEN LINSENMAIER: Haben Sie eine eigene Abteilung, die das auswertet?

ANDREAS BARTMANN: Ja, wir haben Kollegen, die sich rund um die Uhr damit beschäftigen. Wir sind auf dem Laufenden. Aber es ist ein spezieller Schlag von Menschen, der hier aktiv ist. Wichtig ist, dass Sie hier Mitarbeiter einsetzen, die dieselbe Denke und dasselbe Verständnis haben, wie die Kunden, die sich in den Social-Media-Netzwerken bewegen. Allein das technische Verständnis ist hier nicht ausreichend.

JÜRGEN LINSENMAIER: Sie sagen, dass Sie diese Medien rund um die Uhr beobachten? Gibt es also auch Menschen, die aktiv die Kommunikation in Gang bringen?

ANDREAS BARTMANN: Ja, wir haben eine Hotline. Die reagiert auch morgens um drei oder vier Uhr – das Ganze muss relativ schnell und zeitnah erfolgen.

Zwischendrin: Shitstorm

Als Shitstorms bezeichnet man Empörungsstürme über die Aktivitäten einzelner Unternehmen, die sich meist mit rasender Geschwindigkeit übers Internet verbreiten. Getroffen hat es einige Unternehmen bereits im Frühjahr oder Sommer 2010. Die Fälle von Vodafone und H&M begannen im Internet, nämlich auf Facebook und wurden dann selbst in der Presse veröffentlicht.

Der Fall Vodafone. Eine Kundin berichtete auf der Facebook-Seite von Vodafone über zwei fehlerhafte Mobilfunkrechnungen und über ihre Bemühungen, dies mit Vodafone zu klären. Über 140 000 Likes und 15 000 Kommentare waren die Folge. Auch H&M wurde auf seiner Facebook-Seite kritisiert. Es ging um falsche Lieferungen. Inzwischen ist der Beitrag von der Seite wieder verschwunden. H&M bestreitet die Löschung übrigens.

Bei diesem Beispiel handelt es sich um normale, eventuell berechtige Kritik am Unternehmen. Kritik, an der sich viele andere Facebook-Nutzer einfach ungeprüft beteiligen. Emotionale Kritiken finden gerne Multiplikatoren. Vor allen auf Facebook, ein Like oder ein Kommentar ist schnell erledigt und sorgt bei einem entsprechenden eigenen Netzwerk schnell für die weitere Verbreitung.

Das Problem: Es kann jeden treffen. Bei großen Unternehmen, wie bei den genannten Beispielen, lässt sich das fast nicht vermeiden. Meckern ist Volkssport. Die einzige Chance, auch bei Konzernen, ist schnell zu reagieren. Vodafone hatte das nicht, beziehungsweise erst mit einem zeitlichen Abstand getan!

Für kleinere Unternehmen bedeutet das ebenfalls, schnell zu reagieren – und zwar auch persönlich als Chef oder auf der Führungsebene. Dies bietet die Chance, im Gegensatz zum Konzern, etwas Wichtiges zu erreichen: Glaubwürdigkeit und Vertrauen.

Dazu ein paar spannende Worte unseres Interviewpartners Andreas Bartmann von Globetrotter Ausrüstung.

JÜRGEN LINSENMAIER: Da gibt es ja auch noch diese Shitstorms, wie sie zum Beispiel Vodafone erlebt hat. Wie reagiert man auf Kritik bei dieser speziellen Menschengruppe?

ANDREAS BARTMANN: Kritik findet man immer so lange gut, solange sie einen nicht selbst betrifft. Natürlich ist es gut, wenn damit wirkliche Missstände aufgedeckt werden – in vielen Fällen ist diese Form der Kritik aber nicht berechtigt.

Wir waren einer der Vorreiter in der Online-Community und hatten somit auch eines der ersten Bewertungsportale überhaupt. Wenn man sich in diesem Bereich bewegt, sind Ehrlichkeit und eine extrem offene Kommunikation das A und O. Das wird auch von den Kunden geschätzt, die sich manchmal sogar gegenseitig korrigieren. Beschwert sich beispielsweise ein Kunde massiv über ein Produkt, kann es schon sein, dass sich zwei oder drei andere Kunden einschalten, über ihre positiven Erfahrungen berichten und nachfragen, ob er das Produkt auch wirklich richtig benutzt hat.

Ein anderes Beispiel: Ein Kunde kauft bei uns ein hochwertiges und teures Zelt, das ihn viel Geld kostet. Erhalten wir dazu eine Beschwerde, beispielsweise, dass sich die Beschichtung leicht ablöst, reagieren wir sofort. Wir entschuldigen uns beim Kunden und bitten ihn, uns das Zelt zurückzuschicken. Selbstverständlich erhält er umgehend ein neues Zelt von uns zugesandt. Die Kunden schätzen diese Art der Reklamationsbearbeitung sehr.

GUNTHER T. VERLEGER: Sie kommunizieren auf Ihren Online-Plattformen also richtig mit den Kunden?

ANDREAS BARTMANN: Ja, alle Themen werden sofort veröffentlicht. Ausgenommen sind diskriminierende, sexistische oder politische Aussagen – die filtern wir raus. Ansonsten gibt es keinerlei Zensur. Wir stellen uns auch sehr negativen Äußerungen zu unseren Produkten. Und die Erfahrung zeigt, dass das auch gut so ist, denn in der Konsequenz haben wir auch schon etliche Produkte wieder eingestellt.

GUNTHER T. VERLEGER: Die Online-Kommunikation ist also auch eine Art der Qualitätsverbesserung?

ANDREAS BARTMANN: Ja natürlich. Wenn sich ein Kunde über die Qualität eines unserer Produkte beschwert, prüfen wir selbstverständlich nach, ob es sich dabei um einen Einzelfall handelt. Tritt der Fehler häufiger auf, gestehen wir auch ein, dass wir an dieser Stelle wohl nicht aufgepasst haben und ziehen die entsprechenden Konsequenzen.

Und das kommt auch an: Die Kritiker sind die besten Kunden, wenn man sie ernst nimmt. Wichtig ist auch hier, offen und schnell zu kommunizieren und die Probleme aktiv anzugehen. Unsere Branche hat in letzter Zeit Schwierigkeiten bei bestimmten Textilbeschichtungen, bei Daunenfüllungen oder auch durch manche Produktionsstandorte. Dafür bekommen wir dann auch berechtigte Kritik. Wenn man aber offen auf den Kunden zugeht und zeigt, dass man bereit ist, aus dem Problem zu lernen und sich weiterzuentwickeln, wird dies auch von den kritischen Kunden honoriert.

Reputationsauslöser Kunden

Ich nenne das immer *„flache"* Homepages. Es geht um die Startseite. Navigation links oder oben. Wer wir sind, Was wir tun, Wo Sie uns finden, Impressum, Kontakt. Fertig ist die Seite. Text in der Mitte. Folgeseiten gleicher Aufbau. Basta. 08/15, langweilig, belanglos, wenig inspirierend.

Referenzen werden mit viel Glück einzeilig dargestellt. Der Referenzen-Link in Ihrer Navigation ist einer der meist angeklickten Links Ihrer Seite. Warum also machen Sie nicht mehr daraus? Positive Aussagen Ihrer Kunden zu Ihrem Unternehmen beflügeln Ihre Reputation. Deshalb empfehle ich Ihnen: Nutzen Sie Ihre Kunden. Es gibt Webseiten die bestehen nur aus Referenzen und der Rest steht im *„Kleingedruckten"*.

Einige gelungene Beispiele: Maler Deck publiziert immer wieder Kundenstimmen in seinem Blog. Gurr & Theurer Elektrotechnik – www.gurr-theurer.de – stellt auf ihrer Homepage die Geschäftsfelder anhand von Kundenbeispielen dar – und zwar mit professionellen Fotos, einer Projektbeschreibung und einem Referenzschreiben.

Geben Sie Ihren Kunden eine übergeordnete Präsenz. Ihre Reputation wird es Ihnen danken.

Übrigens: Auch Ihre Mitarbeiter sind Reputationsauslöser. Der Daimler-Blog http://blog.daimler.de macht es vor. Dort veröffentlichen Mitarbeiter Postings, das heißt, sie erzählen über sich, ihre Erlebnisse mit Kunden oder einfach Geschichten aus dem Unternehmen. Das ist sehr persönlich und deshalb auch sehr authentisch. Leider gibt es eine solche Integration von Mitarbeitern in die Internetaktivitäten eines Unternehmens viel zu wenig.

Reputationsauslöser Facebook und Co.

Siebzig Sprachen und Dialekte, Abermillionen von Mitgliedern, ein Börsenwert von x-Milliarden Euro. Es gibt Unternehmensseiten, so genannte Fanseiten sowie Millionen privater Profile, die sich über Freundschaften verknüpfen können.

Früher war alles besser. Da gab es nur „*normale*" Internetseiten. Es gab keine Bewertungsportale und schon gar keine Medien wie Facebook oder Twitter. Und jetzt? Jetzt gibt es Portale, übrigens Hunderte, wo sich Menschen in irgendeiner Form über mich, über mein Unternehmen unterhalten. Oftmals, ohne dass ich es mitbekomme oder nur mit hohem Kostenaufwand schnell reagieren kann.

Verblüffend ist, wie viel Menschen dort von sich preisgeben. Höchst Privates, ihre politische Einstellung, ihre Beziehungsprobleme, ihre Meinung zum Arbeitgeber und wann und wo sie im Urlaub waren. Wahnsinn. Ginge es in unserem Buch um die private Reputation, gäbe es gerade darüber vieles zu schreiben.

Aber es geht darum, wie Sie diese Medien für den Ruf Ihres Unternehmens nutzen können.

Auch hier sind die Basics gefragt. Das Prinzip ist einfach. Seien Sie ehrlich, offen und, an dieser Stelle zusätzlich, vor allem schnell. Nur das schafft Vertrauen und Glaubwürdigkeit. Unser Interviewpartner Andreas Bartmann, Geschäftsführer bei Globetrotter Ausrüstung wird hier noch genau darauf eingehen. Globetrotter Ausrüstung ist in diesem Bereich ein wirklicher Pionier.

Wichtigster Punkt: Angebot, Aufträge, Rechnungen zu verarbeiten, hat Top-Priorität. Erst wenn man dann noch Zeit übrig hat, kann man sich ins Social-Media-Netz wagen. An Ihr redaktionelles Konzept angepasst müssen Sie entsprechend Ihre Artikel veröffentlichen. Wenn Sie dazu keine Zeit haben, lassen Sie es lieber. Maler Deck bringt es mit einem Satz auf den Punkt: „*Wenn Sie dieses Minimum nicht erfüllen können, schadet es Ihrem Ruf mehr, als es ihm nutzt.*"

Zweitwichtigster Punkt: Internet ist ein extrem schnelles Medium. Sie können einen Kommentar oder eine Kritik nicht erst nach Ihrem Urlaub beantworten. Sie müssen Strukturen schaffen, die eine zeitnahe Reaktion ermöglichen. Globetrotter scannt alle Einträge zu seinem Unternehmen rund um die Uhr und beantwortet im Zweifel Kommentare auch nachts um vier Uhr. Nur so funktioniert der Reputationsauslöser Social-Media.

Drittwichtigster Punkt: Trennen Sie Privates von Persönlichem. Jetzt wird es schwierig. Ihre Kunden mögen Emotionales. Also müssen Sie Emotionen verkaufen, auch auf Facebook. Aber es müssen nicht Ihre aktuellen Beziehungsprobleme sein. Das ist privat und soll es auch bleiben. Ich persönlich war bei unseren Interviews mit Herrn Professor Dr. Hipp und Herrn Wolfgang Grupp durchaus nervös. Das ist persönlich, nicht privat. Verstehen Sie was ich meine? Der Unterschied liegt im Detail.

Der Autor, Blogger und Strategieberater mit Schwerpunkt Internet und Markenkommunikation Sascha Lobo hat dies am 6. Oktober 2012 in einem Interview von VOX/Spiegel TV sehr simpel auf den Punkt gebracht: *„Ich wähle sehr genau aus, was ich ins Netz stelle. Ich stelle nur das in die sozialen Medien, was ich auf der Titelseite einer Zeitung ertragen würde."*

Daniel Stock, unser Interviewpartner, hat dazu eine eigene Meinung.

GUNTHER T. VERLEGER: Neue Medien, Twitter, Facebook – wie wichtig ist es, dabei zu sein? Wie schätzen Sie ein, ob diese Aktivitäten den Ruf fördern oder eher ein Risiko bergen, diesen in Schieflage zu bringen?

DANIEL STOCK: Vielleicht ist die weite Verbreitung das Hauptthema. Früher hat es lange gedauert, bis Kritik an einem Unternehmen für jeden zugänglich wurde.

Heute, in den Zeiten von Facebook, Holidaycheck und den ganzen anderen Bewertungsportalen, wird es sofort transparent, wenn jemand einen Fehler macht. Ist bei einer Fluggesellschaft eine Betreuerin unfreundlich, kann es sein, dass es innerhalb von Stunden durch die ganze Welt geht und millionenfach angeklickt wird.

Begeht man einen Fehler, ist man quasi ausgeliefert, denn die Einträge bleiben bestehen – einmal im Netz, immer im Netz, heißt es. Und ohne jetzt spirituell oder esoterisch erscheinen zu wollen, glaube ich, dass man das energetisch steuern kann. Man muss einfach ehrlich und geradeaus leben. Dann zieht man auch nicht die Menschen an, die einen an den Pranger stellen wollen.

GUNTHER T. VERLEGER: Nun gibt es diese Plattformen, man muss sie deshalb auch akzeptieren – und man sollte sie dort nutzen, wo sie einem weiterhelfen können. Ich habe in Ihrer aktuellen Broschüre gesehen, dass Sie auch bei Holidaycheck als exzellent ausgezeichnet wurden. Das ist dann doch auch wiederum ein Vorteil, der Ihren Ruf noch weiter nach vorne bringen kann, oder?

DANIEL STOCK: Das ist ganz richtig, Holidaycheck ist momentan eine ganz wichtige Entscheidungsplattform. Wir kommentieren und bedanken uns auch bei allen Gästen, die dort Kommentare über uns eintragen. Wir freuen uns über positive Bewertungen und über Kritik. Ebenso bedanken wir uns auch für die Zeit, die der Kunde dafür investiert. Wir reagieren auf jeden Gast, der sich äußert, wir geben ihm ein Feedback, bedanken uns, entschuldigen uns und notieren es.

JÜRGEN LINSENMAIER: Und dadurch haben Sie wieder eine engere Beziehung zu dem Kunden geknüpft und wieder etwas anders gemacht. Denn die wenigsten Kunden werden wahrscheinlich auf einen Kommentar, den sie auf einem Portal abgeben, eine Resonanz bekommen.

DANIEL STOCK: Wir schicken ein kleines Präsent an den Gast und bedanken uns für seine Ehrlichkeit, für seine Meinung und für die Zeit, die er dafür investiert hat, sich Gedanken zu machen und uns zu schreiben, was ihm positiv oder auch negativ aufgefallen ist.

Reputationsauslöser Bewertungen und Kritik

Sie bummeln durch die Stadt, möchten das eine oder andere einkaufen, vielleicht für ein leckeres Abendessen am Abend. Sie wollen Ihre Frau bekochen. Leider sind Sie auf einem Auswärtstermin und in einer fremden Stadt. Sie kennen folglich keinen guten Metzger oder Feinkostladen. Sie googeln nach *„gutes Feinkostgeschäft"* oder gehen auf das entsprechende Portal. Es wird Ihnen eines empfohlen. Dann stehen Sie vor der Tür des Feinkostengeschäftes. Aber bevor Sie reingehen, checken Sie noch den QR-Code an der Eingangstüre auf Meinungen in anderen Portalen. Alles sieht gut aus.

Glauben Sie mir. Nicht mehr lange und Sie können an jedem Geschäft per QR-Code checken, ob Ihre Erwartungen beim Einkauf erfüllt werden.

Es gibt wohl kein Unternehmen, dem es gefällt, wenn seine Marke, seine Produkte oder seine Dienstleistungen kritisiert oder schlecht bewertet werden.

Kritische Kommentare und negative Bewertungen auf den Social-Media-Kanälen sind deshalb besonders gravierend, weil sie sich wie ein Lauffeuer verbreiten können. Kritik und schlechte Bewertungen können aber auch ein starker Reputationsauslöser sein und damit durchaus gut fürs Geschäft, vorausgesetzt, Sie gehen richtig damit um.

Schaffen Sie als erstes Vertrauen und bauen Sie eine Beziehung zu Ihren Kontakten auf. Laut Reevoo (eine Agentur, die die Wirkung von Social Commerce-Lösungen maximiert) – www.reevoo.com – suchen 57 Prozent der Verbraucher online nach Meinungen, bevor sie Produkte einer ihnen unbekannten Marke erwerben. Dazu kommt, dass diese Interessenten den Meinungen anderer Nutzer mehr trauen als offiziellen Quellen. Also mehr vertrauen als Verkäufern oder der klassischen Werbung.

Schlechte Bewertungen liefern Konsumenten folglich einen Grund, auch den guten Bewertungen zu glauben. Laut Reevoo glauben 68 Prozent der Nutzer Bewertungen eher, wenn es sowohl gute als auch schlechte Bewertungen gibt. 95 Prozent vermuten Zensur, wenn sie nur gute Bewertungen sehen.

Als zweiter wichtiger Punkt gilt wieder unsere Regel: Kommunizieren Sie! Schlechte Bewertungen kommen oft von unglücklichen Kunden. Reagieren Sie auf Kritik also schnell und sachlich. Versuchen Sie, die Kritik zu neutralisieren. Lösen Sie das Problem. Geben Sie Einblick in Ihre Situation zum Zeitpunkt der Reklamation, eventuell in Schwierigkeiten Sie hatten das Problem zeitnah zu lösen. Sie zeigen damit, dass Sie das Anliegen – und damit auch der Mensch dahinter – interessiert und sich das Unternehmen um die Wünsche und Bedürfnisse seiner Kunden kümmert.

Welche Erfahrung hat Gerd Kulhavy uns diesbezüglich im Interview mitgeteilt?

GUNTHER T. VERLEGER: Wie schnell verbreitet sich im „Netz" ein schlechter Ruf?

GERD KULHAVY: Aus meiner Sicht ist es heutzutage für ein Unternehmen möglich, gleichermaßen schnell einen schlechten oder einen guten Ruf im Netz zu verbreiten. Ein Beispiel:
Es gibt große Firmen in der Telekommunikationsbranche, bei denen Mitarbeiter ausschließlich Twitter, Facebook und Co. beobachten und dafür zuständig sind, das gesamte Social Web „im Griff zu haben" – sofern dies möglich ist. Warum?
Ein Bekannter teilte mir mit, er habe sich so über ein Telekommunikationsunternehmen aufgeregt, dass er nun einfach einmal seinen Frust „losgetwittert" hat: Was für ein „Scheißladen" dieses Unternehmen sei. Daraufhin

hat er innerhalb von zwei Stunden einen Anruf des betreffenden Telekommunikationsunternehmens erhalten. Das Ende dieser Aktion: Innerhalb von zwei Tagen wurde das Problem in seinem Sinne geregelt.

Was will ich damit sagen: Ab einer gewissen Firmengröße braucht man heute professionelle Unterstützung.

GUNTHER T. VERLEGER: Wenn wir nun kleinere Unternehmen betrachten. Die können doch nicht ein oder zwei Mitarbeiter abstellen, die das Social Web beobachten, oder?

GERD KULHAVY: Das stimmt, aber die Unternehmen können einen Dienstleister beauftragen, der partiell eine gewisse Dienstleistung übernimmt. Es gibt nur zwei Möglichkeiten. Entweder man macht es selber oder man holt sich einen Dienstleister. Der Dienst „Google Alerts" ist eine Möglichkeit, um es selbst zu machen. Wenn einer über mich schreibt kriege ich das sofort mit. Um dies bei Twitter und Facebook abzudecken, braucht man andere Lösungen – doch diese gibt es.

Es gibt auch noch eine weitere Möglichkeit: Wenn wir am Markt auftreten, versuchen wir, mit den Menschen immer positiv umzugehen. Und das ist etwas, was uns bisher immer geholfen hat. Wenn wir einen Konflikt haben, dass wir mal eine E-Mail falsch versendet haben, haben wir mit der Firma geredet, haben uns dafür entschuldigt und haben persönlich dafür Sorge getragen, dass das Verhältnis wieder ausgeglichen ist. Wir lassen es nie auf einen Konflikt ankommen.

Unsere Absicht ist, keinen Rechtsstreit oder anhaltenden Konflikt aufkommen zu lassen. Ich glaube an die Gesetzmäßigkeit, das was man gibt, bekommt man auch zurück. Je mehr man also streitet, desto mehr Streit- und Konfliktthemen kommen auf einen zurück. Ich muss mit der Welt gut umgehen, ich muss mit den Firmen gut umgehen und entsprechend auch mit den Menschen. In den letzten zehn Jahren habe ich lediglich zwei Abmahnungen in Bezug auf E-Mail Marketing erhalten. Eine habe ich tatsächlich mal unterschreiben müssen. Aber in zehn Jahren ist das in Ordnung.

**Meine Gedanken/Anregungen/Ideen/Erkenntnisse
zur Verbesserung des Rufes im Bereich Web 2.0:**

Ihr guter Ruf verkauft! Sonst nichts. **189**

Presse:
Lesen Sie eigentlich Zeitung?

Pressearbeit – warum das denn?

Haben Sie heute schon Zeitung gelesen? Haben Sie nicht auch den Eindruck, dass Presseberichte über die Politik, über die Wirtschaft oder über Ihre Region einen enormen Wahrheitswert und eine gewisse Neutralität vermitteln? Genau deshalb erweckt die Presse beim Konsumenten Glaubwürdigkeit und Vertrauen, erzeugt also letztlich Reputation. Bei guter Berichterstattung positive, bei negativer Berichterstattung negative Reputation.

Wäre es für ein mittelständisches Unternehmen, das den Hauptanteil seines Umsatzes in seiner Region erzielt, nicht von Vorteil, wenn die örtliche Zeitung über dieses Unternehmen positiv berichtet? Würde das nicht Glaubwürdigkeit und Vertrauen erzeugen? Würde das nicht den guten Ruf verbessern beziehungsweise ihn in der Region bekannter machen? Und damit auch zu mehr Umsatz führen?

Gleiches gilt für überregional tätige Unternehmen. Wäre es nicht von Vorteil, wenn der Spiegel oder Stern positiv über Ihr Unternehmen berichten? Oder Sie, als Geschäftsführer, ab und an, wie unser Interviewpartner Wolfgang Grupp von Trigema, als Experte in einer Talk-Show sitzen würden?

Um Ihren Ruf über die Presse zu erhöhen, benötigen Sie nicht zwingend jeden Monat eine neue Pressemeldung in der Zeitung. Der gezielte Einsatz von Presseartikeln in Ihrer Kommunikation reicht bei mittelständischen Handwerks- betrieben oder dem Einzelhändler vor Ort völlig aus, um die Reputation schritt- weise zu erhöhen. Warum? Ganz einfach: Sie müssen *„Ihre"* Presseartikel nur gezielt einsetzen.

Ein Beispiel: Einer unserer Kunden verkauft Zahnersatz, der als Direktimport aus Hongkong bis zu 85 Prozent günstiger ist. Um das Vorurteil, das sich sicherlich auch gleich in Ihrem Bauch breit gemacht hat, zu *„entschärfen"*, wurde das *„Reputationstool Presse"* im Konzept eingesetzt.

Übrigens das schlechte Gefühl ist völlig unbegründet. Die Ware ist genauso gut, wie Produkte, die hierzulande hergestellt wurden. Nebenbei erwähnt, basieren Garantie und Haftung sowieso auf deutschem Recht und auch die gesamte Ab- wicklung und Anpassung des Zahnersatzes läuft über deutsche Labors.

Das Ziel war, im ersten Schritt einen einzigen Presseartikel in einer namhaften Zeitung der Region Stuttgart zu platzieren. Thema: Zahnersatzkosten treiben Kunden ins Ausland.

Ein neutraler Artikel, bei dem auch Zahnärzte, Mitbewerber und selbst die Zahntechniker-Innung zu Wort kamen. Sicher ja, unser Dentallabor natürlich auch, nämlich als Geschäftsführer im Interview und damit als Experte für das Thema. Absolut glaubwürdig und vertrauenserweckend.

Fast eine halbe Seite in den Stuttgarter Nachrichten. Genial!

Uns reicht der eine Artikel erst einmal völlig aus. Denn wir nutzen ihn gleich mehrfach:

1. Für den Internetauftritt

2. Für Präsentationen

3. Wir integrieren ihn in die jeweiligen Angebote.

Unsere Botschaft an die Zielgruppe lautet: Wir sind in der Zeitung, wir sind Experten, wir sind glaubwürdig und wir sind unser Geld wert. Denn wenn die Zeitung darüber berichtet, dann stimmt das auch! Und dafür reichen ein oder zwei gute Artikel pro Jahr locker aus.

Kommunizieren Sie ... unbedingt!

Kommunizieren Sie ... in diesem Fall mit der Redaktion oder, besser gesagt, mit dem Zeitungsredakteur, der für Ihr Gebiet zuständig ist. Und, falls Sie eine haben, natürlich mit Ihrer PR-Agentur.

Wenn Sie schlau kommunizieren, kann das durchaus ein Selbstläufer werden.

Wie bereits erwähnt ist mymuesli ein Anbieter von Müsli-Mischungen. Auf der Presseseite des Unternehmens heißt es: *„Auf diesen Seiten wollen wir Journalisten, Blogger und alle Interessierten mit Informationen rund um mymuesli.de und unsere Start-ups Oh!Saft und Green Cup Coffee versorgen.“*

mymuesli hat von Anfang an eines richtig gemacht: Es hat die Blogger als Medienvertreter erkannt und sie entsprechend von Anfang an mit Informationen versorgt – mit Erfolg. Erst durch die ersten Veröffentlichungen auf Blogs wurden die klassischen Journalisten auf mymuesli aufmerksam und haben weit im Vorfeld für enorme Reichweite gesorgt. Reputation, ohne dass es Geld gekostet hat. Lange Zeit hat mymuesli ausschließlich mit dem zuvor beschriebenen Kommunikationsnetz gearbeitet. Ab und an sieht man inzwischen Fernsehspots, die natürlich für Reichweite sorgen und mymuesli weiter bekannt machen. Wenn man das Geld dafür hat, ist das kein Thema. Seinen Ruf hat sich mymuesli aber mit professioneller Pressearbeit erarbeitet. Vermutlich aus dem Grund, weil die drei Gründer, drei Studenten, einfach kein Geld für Werbung hatten.

Regel 1:
Blogger und Journalisten von Print- und Online-Medien sind Ihre Ansprechpartner.

Am Beispiel *„unseres"* Dentallabors habe ich es bereits ausführlich beschrieben. Um den Ruf zu erhöhen, dienen diese Presseveröffentlichungen nicht nur dazu, dass Ihre Konsumenten sie zufälligerweise lesen. Nein! Sie nutzen diese Veröffentlichungen aktiv für Ihre Kommunikation.

Eigenartigerweise geht das fast niemand aktiv an, vor allem nicht im Bereich Mittelstand. Maler Deck in Karlsruhe ist einer der wenigen Handwerksbetriebe, die dieses Konzept professionell umsetzen und zwar in Eigenregie, ohne PR-Agentur.

Über welche Kanäle können Sie publizieren und damit Ihren Ruf konsequent erhöhen?

Nutzen Sie Ihre Website, Facebook, Twitter, Google+, XING, Ihre Angebote, Ihre Präsentationen – das ist effektiv und, vor allem, keiner Ihrer Mitbewerber ist in diesem Bereich aktiv.

Auf Facebook, Google+ und Twitter können Sie Ihre Meldungen gerne ab und an wiederholen. Bei XING können Sie es kommunizieren und unter Dateianhänge einbauen.

Präsentationen und Angebote sind ein besonders interessanter Teil. Die meisten Angebote bestehen aus Angebotspositionen, Artikelbeschreibungen und Einzelpreisen. Die letzte Zeile des Angebotes ist der Gesamtpreis – und Sie sind zu einhundert Prozent vergleichbar. Eine Möglichkeit, ein Angebot an einem speziellen Punkt unvergleichbar zu machen, ist Ihr gedruckter Presseartikel. Hier werden Sie neutral, von einem Journalisten oder Blogger, bewertet. Sie sind also eindeutig anders, besser als die Konkurrenz. Und damit ist der Preisvergleich nicht mehr das zwingende Argument.

Stellen Sie Ihre Leistungen regelmäßig vor Interessenten oder Publikum vor? Präsentieren Sie Ihre Angebote Ihren Kunden? Bauen Sie unbedingt ein oder zwei Presseveröffentlichungen ein. Auch hier gilt: Der Preis am Ende des Angebotes ist jetzt nicht mehr ausschlaggebend.

In allen Fällen gilt: Ihr Ruf verbessert sich schrittweise, wird bekannter. *„Ihr guter Ruf verkauft! Sonst nichts.“*

Regel 2:
Kommunizieren Sie Ihre Presseveröffentlichungen in allen Kommunikationskanälen. Immer und immer wieder!

Die abschließende Frage, die sich stellt, ist: WIE kommunizieren Sie Ihre Presseveröffentlichungen auf Ihren Kommunikationskanälen? Ganz einfach. IMMER mit der Form einer positiven Darstellung. Wie meine ich das? Ganz einfach: Zeigen Sie das, was Sie haben. Stellen Sie es professionell dar. Konkret. Lassen Sie einen Profifotografen ran, wenn es um Bilder geht, lassen Sie einen Screendesigner und Programmierer ran, wenn es um Ihren Internetauftritt geht. Zeigen Sie Ihr Können!

Ein Beispiel: Vor mir liegen gerade klasse fotografierte Fotos eines Hotelzimmers. O.K., Ende September muss ich auf die Messe. O.K., sieht wirklich gut aus. O.K., buche ich. Vor Ort, während der Messe, stelle ich die Wahrheit fest. Tatsächlich, die *„Bilder lügen nicht“*. Es ist wie auf den Fotos. Vermutlich fällt nur mir das als Marketingexperte auf. Das Zimmer begeistert mich.

Positiv darstellen, heißt nicht lügen. Sonst wird es schnell negativ. Zeigen Sie, was Sie haben oder können. Eines ist jedenfalls wichtig: Stellen Sie Ihre Presseveröffentlichungen immer auf die erste Ebene Ihres jeweiligen Kommunikationskanals. Also nicht irgendwo auf Ihrer Homepage, sondern so, dass sie direkt auffallen. Der Kunde will danach nicht suchen müssen.

Reputationsauslöser: Der Artikel, das Ereignis, das Interview

Alle drei – Artikel, Ereignis, Interview – sind Möglichkeiten, positive Presse zu generieren, die wiederum der Verbesserung und Bekanntmachung Ihrer Reputation nutzen werden.

Artikel wie Fach- oder Serviceartikel können Sie durchaus direkt platzieren. Je nachdem, wie intensiv Ihre Beziehung zum Redakteur ist, funktioniert das in Eigenregie. Ansonsten kann ich eine auf Erfolgshonorar ausgerichtete PR-Agentur durchaus empfehlen. Wie bereits gesagt, in den meisten Branchen ist nicht die Menge der Presseveröffentlichungen ausschlaggebend.

Sind Sie Experte auf Ihrem Gebiet? Haben Sie das, mit sanfter Übertreibung, auf Ihrer Website kommuniziert und repräsentativ dargestellt? Bieten Sie der Redaktion Interviews an. Viele Journalisten sind dankbar für fachgerechte Antworten auf fachspezifische Themen. Schreiben Sie Fernsehsender an. n-tv und Co. suchen Inhalte. Präsentieren Sie sich als Experte!

Mitarbeiterjubiläum, neue Auszubildende, Vorträge, die Sie halten, Ihr Buch zum Vortrag, ein Event, ein interessantes Kundenprojekt – all dies sind Ereignisse für eine persönliche Ansprache des Redakteurs. Schicken Sie ihm Unterlagen und haken Sie persönlich nach.

Wichtig 1:
Haben Sie zu den jeweiligen Themen fertig ausgearbeitete Texte parat. Sie wissen es bereits. Bitte authentisch! Keine Phrasen, die nicht zu Ihrer Rolle passen.

Wichtig 2:
Binden Sie die Blogger ein.

Wichtig 3:
Falls Sie sich entschlossen haben, Vorträge zu halten, haben Sie bitte immer zwei Pressemitteilungen dabei, eine über Ihr Thema und eine zweite über Ihre Person. Es kann Ihnen durchaus passieren, dass der Veranstalter die Presse eingeladen hat. Der eine oder andere Journalist hat aber oft keine Zeit oder keine Lust, Ihren Vortrag bis zum Schluss anzuhören und dann auch noch selbst was zu schreiben. Deshalb sollten Sie auf die Frage *„Haben Sie denn ein paar Unterlagen dabei?"* vorbereitet sein und dem Pressevertreter schnell Informationen mitgeben. Fotos sollten natürlich auf Ihrer Homepage zum Download bereitstehen.

Wenn's dann mal schief läuft.

Kann richtige Pressearbeit Ihren guten Ruf nach vorne bringen? Natürlich? Wird Pressearbeit Ihren Ruf immer ins gute Licht stellen? Das würde ich eher bezweifeln.

Ich vergleiche Pressearbeit gerne mit der Arbeit und Zeit, die Sie investieren, um Beziehungen aufzubauen und zu vertiefen. Es braucht Zeit, um hier den Ruf zu forcieren und es kann auch extrem kritisch werden – und zwar genau dann, wenn nicht das geschrieben wird, was Sie sich wünschen oder noch viel schlimmer, wenn fachlich oder inhaltlich falsch berichtet wird.

Gunther T. Verleger ist bei BNI folgendes passiert:

11:30 Uhr an einem Montag im Jahr 2007: Das Telefon klingelt: *„Grüß Sie, Herr Verleger, mein Name ist xyz vom abc Fernsehen. Wir sind auf Ihr Unternehmernetzwerk aufmerksam geworden und wollten wissen ob wir eine kleine Reportage bei Ihnen drehen dürfen ....“* Was, wir ins Fernsehen – die kommen auf uns zu... – Sie können sich vorstellen, wie und was emotional bei uns passierte. Wir haben uns natürlich gefreut, haben alles soweit mit einem Team abgestimmt, ich habe mich gleich am nächsten Tag mit der Redaktion persönlich getroffen und alle Fragen beantwortet, die im Vorfeld wichtig waren, so dass das Filmteam wusste, worauf es bei einem Unternehmerfrühstück achten sollte. Die halbe Mannschaft des Unternehmerteams hat sich vor Aufregung fast in die Hosen gemacht und sich gefühlt wie ein Teenager, wenn Tokio Hotel zu Gast kommt – doch alles hat gepasst. Das Team war happy, die Filmcrew auch und wir haben natürlich gleich gefragt, wann dies ausgestrahlt wird und ob wir die Reportage vorher noch kurz sehen dürften. Unerfahren wie ich bin, ging dies natürlich nicht und den Termin haben wir auch nicht genannt bekommen. Fairerweise hat uns die Redaktion zwei Stunden vor Sendezeit telefonisch kontaktiert und die Uhrzeit mitgeteilt, zu der die Reportage ausgestrahlt wird. Es war nur ein dreiminütiger Beitrag des Regionalfernsehens, doch der renommierte Regionalsender hat es tatsächlich fertig gebracht drei entscheidende Fakten falsch zu berichten. So was nun? Die Sendung ist ausgestrahlt, zurückholen können Sie das nicht mehr. Ein Beschwerdebrief an den Sender hat auch nichts gebracht – noch nicht einmal ein *„sorry“* oder eine Antwort darauf. Egal wir waren im Fernsehen.

Weiteres Beispiel: Im Jahr 2007 hat die Frankfurter Allgemeine Zeitung einen einseitigen Bericht über BNI gebracht. Dies war zu einem Zeitpunkt, an dem in Deutschland bereits rund fünfzig Unternehmerteams aufgebaut waren. Das Problem war, dass nicht jeder Redakteur im Detail recherchiert und manches auch noch falsch interpretiert wird. Schade war, dass ein grundsätzlich positiver Artikel eine komplett falsche Darstellung enthielt. Denn es wurde behauptet *„... wer zwei Mal fehlt, fliegt raus...“*. Und genau dieser Fehler wurde von unglaublich vielen Menschen aufgegriffen. Unzählige Male wurde ich mit Aussagen konfrontiert wie *„... mmh BNI, da fliegt man doch nach dem ersten oder zweiten Mal Fehlen gleich raus... – solche Schikanen brauche ich nicht...“*.

Zur Sachlage: Ja, wir haben eine Anwesenheitsverbindlichkeit und ja, wenn ein Mitglied zu oft *OHNE* Vertretung fehlt, signalisiert es seiner Gruppe damit, dass es nicht bereit ist, die notwenige Verbindlichkeit aufzubringen oder gerade andere Prioritäten hat (was vollkommen o.k. ist). Doch erst wenn es ein viertes Mal *OHNE* Vertretung fehlt, gibt das Mitglied seinem Team das Recht, über seine Position zu diskutieren. Und diskutieren bedeutet nicht, dass es *„rausgeschmissen“* wird. In nahezu allen Fällen führt man zuerst Gespräche miteinander und versucht, die Probleme zu erfassen und gemeinsam zu lösen. Nur wenn das Mitglied dann auch weiterhin nicht bereit ist, die Regeln zu erfüllen, ist dies ein Zeichen dafür, dass BNI für es zurzeit nicht mehr die richtige Plattform ist und dann ist es besser, sich zu trennen.

Nun meine Frage an Sie: Ein einseitiger Bericht in der FAZ sorgt für eine große Aufmerksamkeit – dabei wurde ein kleines, aber entscheidendes Detail falsch dargestellt. War dies unserem Ruf zu- oder abträglich?

Natürlich ist Pressearbeit extrem wichtig für Ihren Ruf, doch Sie müssen sich bewusst machen, dass Sie sie niemals bis ins letzte Detail beeinflussen können. Deshalb sollten Sie sich diesem Thema nur dann widmen, wenn Sie mit den geschilderten Pannen leben können.

Was sollten Sie tun, wenn die Presse mal falsch zitiert oder falsches über Sie schreibt. Unser Interviewpartner Gerd Kulhavy gibt Auskunft.

JÜRGEN LINSENMAIER: Ich habe noch zwei Fragen zum Thema PR und dem damit verbundenen Ruf. Jetzt kann es sein, dass PR-Agenturen oder auch Zeitungen falsche Fakten dokumentieren. Wie sollte man damit umgehen? Sollte man einem solchen Vorfall einfach keine Beachtung schenken? Sollte man Leserbriefe schreiben, wenn die Sachlage falsch berichtet wurde?

GERD KULHAVY: Wenn es extrem rufschädigend oder existenzschädigend ist, würde ich auf jeden Fall aktiv dagegen vorgehen. Damit meine ich, die

Instrumente die es dafür gibt, zu nutzen – beispielsweise eine Gegendarstellung.

Wenn es allerdings etwas Kleineres ist, würde ich prüfen, ob es mich wirklich stark beeinflusst und ob ich wirklich etwas tun muss. Denn auch hier gilt: Wenn ich in eine Sache Energie rein gebe und dieser zu viel Beachtung schenke, erfolgt dadurch eine Verstärkung.

Ich habe früher zu meinen Mitarbeitern oder zu meiner Assistentin immer gesagt: „Wenn du das Gefühl hast, dass die Sache unternehmensgefährdend ist, sage es mir bitte. Wenn es nur normales Geplänkel ist, dann bitte ich dich, dies zu differenzieren."

Wenn man sich ärgert, gibt man dem Sachverhalt selbst Energie. Wenn ich mich über jemanden ärgere, hat dieser jemand Macht über mich und das will ich nicht. Deswegen versuche ich, mich so wenig wie möglich über andere zu ärgern. Auch wenn es immer einmal wieder vorkommt, dass ich mich kurz über eine Sache aufrege, doch dann sage ich zu mir selbst: „Hey, was tust du da? Der andere darf die Macht nicht über mich haben" und ändere meinen Fokus.

... und noch einer zum Schluss

Was passiert im Krisenfall? Denken Sie an Mercedes mit der umgefallenen A-Klasse beim Elchtest oder die Ölpest im Golf von Mexico durch den Untergang der Ölbohrplattform Deepwater Horizon von BP. In diesem Fall hilft nur: Nicht warten, nicht lügen, nicht dagegen argumentieren. Wichtig ist es, die Situation zu verstehen und dann zu handeln. Authentizität ist im Kern ehrlich und echt und nur das generiert positive Reputation, auch in Krisenzeiten.

Dazu haben wir unseren Interviewpartner Holger Blaufuß, Senior Franchise Specialist bei McDonald's und ehrenamtliches Mitglied im Vorstand des Deutschen Franchise Verband befragt.

GUNTHER T. VERLEGER: Wenn nun endlich ein Presseartikel kommt, dieser dann aber nicht gut ist – weil es dem Reporter wohl nicht geschmeckt hat – was sollte ein Unternehmer dann machen oder auch unbedingt unterlassen?

HOLGER BLAUFUß: McDonald's ist heute in Deutschland so groß am Markt präsent, dass täglich viele Berichte in der Presse erscheinen. Auch hier sind das Unternehmen und seine Franchise-Nehmer von einer Philosophie unseres Gründers geprägt. Franchise-Nehmer sollen die Mrs. beziehungsweise der Mr. McDonald's vor Ort in der Kommune sein und der Gesellschaft einen Teil dessen, was sie erhalten haben, zurückgeben. Wenn nun wirklich einmal ein Presseartikel nicht positiv wirkt, ist das zu akzeptieren und zu überlegen, was man für sein Business auf den Weg bringen muss, um möglicher Kritik oder möglichen Vorbehalten entgegenzutreten. Eine Richtigstellung kann nur verlangt werden, wenn sachlich messbare Fakten falsch dargestellt wurden. Meinungsäußerungen können nicht richtig gestellt werden.

GUNTHER T. VERLEGER: Es wird immer wieder gerne behauptet, dass positive Presseberichterstattung in Kombination mit Anzeigenverkauf gebracht wird. Stimmen Sie dem zu? Haben Sie ähnliche Erfahrung gemacht? Wenn ja, bis zu welchem Maße ist dies vertretbar, und ab wann würden Sie von „schmieren" oder „korruptem Handeln" sprechen?

HOLGER BLAUFUß: Wir haben keine Erfahrungen, die uns zeigen, dass Anzeigenvolumen und positive Berichterstattung zusammenhängen. Das ist eine böse Mär, die durch die PR-Welt geistert. Ein Beispiel: Wir sind großer Anzeigenkunde bei BILD. Deswegen wird BILD niemals auf kritische Berichterstattung verzichten – auch nicht über uns, wenn die Redaktion der Meinung ist, dass eine Geschichte die Leser interessiert.

GUNTHER T. VERLEGER: Sie kooperieren in TV-Werbespots mit Persönlichkeiten wie Uli Hoeneß, Alfons Schuhbeck oder Heidi Klum, also Spitzenunternehmer und in einem Premiummarkt angesehene Kompetenzen. Was bewegte Sie oder Ihr Unternehmen, Presse- und Öffentlichkeitsarbeit mit diesen Personen zu betreiben, warum haben Sie gerade diese ausgewählt?

HOLGER BLAUFUß: Werbung muss authentisch sein, wenn sie erfolgreich sein will. Gerade wenn man mit berühmten Persönlichkeiten in der Werbung agiert, ist es unabdingbar, dass der Konsument es als ehrlich einschätzt. Auch Alfons Schuhbeck und Uli Hoeneß passen gut zu McDonald's, auch wenn sie beide ursprünglich aus anderen Welten kommen. Uli Hoeneß lieferte beispielsweise schon Würstchen an unser Unternehmen im Rahmen der „Nürnburger" Aktion. Ebenso steht Alfons Schuhbeck für traditionelle, bayerische Küche. Und er ist von unserer systemgastronomischen Kompetenz überzeugt, wie er auch mehrfach öffentlichkeitswirksam unterstrichen hat. McDonald's möchte durch solche Aktionen nicht mehr aus der Marke machen, als sie ist, sondern dem Gast eine besondere Überraschung bieten, die Stoff für Gespräche liefert.

JÜRGEN LINSENMAIER: Wenn Sie dann eine aktive „Aufklärungs-kampagne" zu den Fakten initiiert und gestartet haben, konnten Sie damit bestimmt Wirkung erzielen. Und trotzdem gibt es immer wieder Menschen, die alles durch den „Kakao" ziehen, Dinge schlecht reden, obwohl Sie vielleicht nicht der Sachlage entsprechen. Was empfehlen Sie Unternehmern – egal in welcher Branche – die mit so einer Situation konfrontiert werden? Sollte dies einfach ignoriert werden oder was ist ein guter Ansatz?

HOLGER BLAUFUß: McDonald's wird immer polarisieren. Wir können nicht erwarten, dass jeder Deutsche von der Idee des „Good Food Fast" überzeugt ist. Insbesondere auch nicht kritische Zielgruppen. Unsere Kampagnen zielen darauf, das Image, die Marke bei denjenigen zu stärken, die an Informationen interessiert sind. Und das funktionierte bei unserer Qualitäts- oder Arbeitgeberkampagne in den letzten Jahren sehr erfolgreich. Wir konnten deutlich die Verankerung bestimmter positiver Assoziationen mit der Marke McDonald's steigern. Mit Kritik muss man leben und sich ihr kontinuierlich stellen – zumindest sofern ein echtes Interesse am Dialog entsteht.

GUNTHER T. VERLEGER: Gehen wir noch eine Stufe weiter – Ihr Unternehmen hat es selbst erleben müssen, dass sogar Bücher geschrieben und Kinofilme gedreht wurden, quasi aktiver Rufmord betrieben wurde. Viele andere Unternehmen hätten hier bestimmt aufgegeben und die Flinte ins Korn geworfen. McDonald's nicht. War dies eine Krise für McDonald's? Was ist dann genau zu tun, wenn ein Unternehmen in einer Ruf Krise steckt?

HOLGER BLAUFUß: Mit Büchern und Filmen, die explizit eine Marke betreffen, muss man sich intensiv auseinandersetzen. Gerade der Umgang mit vermeintlich „negativer" Presse oder Berichterstattung ist für jede Marke äußerst wichtig. Oftmals ist es sinnvoll, mit dem Autor oder Journalisten in den offenen Dialog zu gehen. Dann weiß man oftmals, was in welcher Form berichtet wird und kann sich entsprechend vorbereiten. Juristische Möglichkeiten sollten wirklich nur ausgeschöpft werden, wenn unsere Rechte verletzt wurden, aber nicht, wenn negativ über uns berichtet wird.

GUNTHER T. VERLEGER: Ihr Unternehmen hat nicht immer Umsätze im Milliardenbereich getätigt, nun sind Sie in der „glücklichen" Lage, hohe Umsätze und auch gute Gewinne zu erzielen. Da gibt es dann eben auch finanzielle Möglichkeiten, um aktiv etwas für den Ruf in der Presse durch entsprechende PR-Maßnahmen zu unternehmen. Heißt das im Umkehrschluss, dass ein Unternehmen, das nicht in einer so glücklichen Lage ist und nicht so viel Budget für Öffentlichkeitsarbeit hat, gar keine Chance hat, den Ruf zu verbessern? Was hat McDonald's gemacht, als das PR-Budget noch kleiner war?

HOLGER BLAUFUß: Ein Unternehmen sollte immer auch eigene PR- und Marketing-Arbeit machen. Beide Aufwendungen sind selbstverständlich auch eine Budgetfrage, aber nicht nur. Wie ich Ihnen schon vorhin geschildert habe, besteht eine der McDonald's-Philosophien für die Franchise-Nehmer darin, Mr. oder Mrs. McDonald's vor Ort in der Kommune zu sein. Wenn ich mich lokal engagiere, kann ich auch lokale PR-Arbeit machen. Wenn viele Franchise-Nehmer lokale PR-Arbeit betreiben, erreiche ich in der Summe eine große Menge an Menschen.

JÜRGEN LINSENMAIER: Unsere Leser kommen aus den unterschied- lichsten Unternehmerkreisen – Klein- und Mittelstand ebenso wie Konzerne. Nicht alle haben ein Budget, wie es McDonald's zur Verfügung steht. Viele wollen allerdings aktiv und positiv Pressearbeit betreiben. Was können Sie diesen raten? Was braucht es, dass die Presse bei Unternehmen anklopft und über diese schreiben will?

HOLGER BLAUFUß: Auch McDonald's ist ein Unternehmen, dass kon- tinuierlich gewachsen ist, erst ein Restaurant, dann ein zweites, ein drittes usw. McDonald's ist geprägt von vielen Philosophien, die uns unser Firmengründer mit auf den Weg gegeben hat. Eine davon lautet „Gebt der Community einen Teil davon zurück, was sie euch gegeben hat". Gemeint ist damit, dass sich jeder Franchise-Nehmer in seinem Restaurantumfeld sozial und karitativ einbringen soll. Wenn ich mich also als Franchise-Nehmer oder als Restaurant Manager in meinem jeweiligen Umfeld engagiere, habe ich auch die Möglichkeit, in den Medien präsent zu sein. Außerdem interessieren sich lokale Medien auch für neue wirtschaftliche Erfolgsgeschichten vor Ort. Hier ist die Kunst, Medien für die eigene Geschäftsidee oder den USP zu begeistern. Allerdings immer mit dem Verständnis dafür, dass sich die Medien bei Interesse für alle Facetten des Unternehmens interessieren. Aber diese grundsätzliche Bereitschaft zur Transparenz ist heutzutage nötig, um in sich in der Öffentlichkeit zu bewegen.

GUNTHER T. VERLEGER: *Ich selbst bin extrem vorsichtig mit Pressearbeit, weil zu häufig die Fakten nicht stimmen. Zahlen werden verdreht, Nichtgesagtes wird dazu gedichtet, Zusammenhänge werden falsch ausgelegt. Damit kann der Ruf sich schnell negativ entwickeln. Wie sollten Unternehmer damit umgehen?*

HOLGER BLAUFUß: *In der Kommunikation mit Zahlen muss es in einem großen Unternehmen klare Regeln geben. Berichten Medien falsch über Ihre Zahlen, korrigieren Sie diese im Dialog mit dem Medium.*

JÜRGEN LINSENMAIER: *Ob einem Kunden die Produkte von McDonald's schmecken oder nicht, ist bekanntlich Geschmackssache. Ob Ihnen ein Presseartikel über Ihre Unternehmung, Ihre Kampagne, Ihre Rezeptur, Ihre Veranstaltung schmeckt – ist dies auch Geschmackssache?*

HOLGER BLAUFUß: *Im Rahmen der Meinungs- und Pressefreiheit wird es sicherlich auch immer wieder Artikel geben, die einem persönlich nicht gefallen. Man muss lernen, damit umzugehen.*

GUNTHER T. VERLEGER: *Ab welchem Zeitpunkt wird das Fernsehen (ob privat oder öffentlich-rechtlich) auf einen aufmerksam? Was braucht es, um dieses Medium der PR zu etablieren?*

HOLGER BLAUFUß: *Eine gute Idee, die das Interesse der Medien weckt, kann ausreichend sein. Dabei ist nicht entscheidend, ob man deutschlandweit oder lokal erfolgreich ist. Es ist allerdings unabdingbar, seine eigenen Botschaften für die Medien klar herauszuarbeiten. Was zeichnet Sie aus? Was macht Sie besonders? Das interessiert auch audiovisuelle Medien. Aber nur dann, wenn es auch über Gästestimmen oder Kundenbewertungen offensichtlich ist, dass Ihr Angebot den Nerv trifft.*

GUNTHER T. VERLEGER: *Wenn ein kleines Restaurant, Hotel oder ein kleiner Cateringbetrieb Pressearbeit betreiben will, die sich positiv auf seinen Ruf auswirken soll. Welche drei wichtigen Punkte empfehlen Sie diesem Unternehmen?*

HOLGER BLAUFUß: *Erstens: Botschaften priorisieren. Zweitens: Auf Kritik und Schwachstellen vorbereitet sein. Drittens: Erfahrungen sammeln und Setup optimieren, bevor man „in die Vollen" geht.*

JÜRGEN LINSENMAIER: Gib es ungeschriebene Gesetze, die jeder kennen sollte, der sich ernsthaft mit erfolgreicher Öffentlichkeitsarbeit befassen will, oder ist es einfach nur eine Frage des Budgets, der Agentur und der Kontakte zu den entsprechenden Stellen?

HOLGER BLAUFUß: Es ist gerade eines der ungeschriebenen Gesetze, dass nichts von Budgets oder Agenturen abhängt. Es gibt erfolgreiche Gastronomen, die PR quasi selbst betreiben. Dann aber mit entsprechenden Zeitressourcen und auch der Freude mit den Medien zu agieren und zu diskutieren. Agenturen machen eine Marke auch unpersönlich. Sie helfen allerdings sehr, erfolgreich große Marken zu beraten, komplexe Arbeitsabläufe zu optimieren oder auch Arbeiten auszulagern.

Hartmut Jenner von Kärcher hat für Krisenzeiten ein einfaches Hilfsmittel:

GUNTHER T. VERLEGER: Was würden Sie einem Unternehmen an die Hand geben, wenn es nun doch einmal in Schieflage geraten ist?

HARTMUT JENNER: Ehrlichkeit – wie im richtigen Leben.

GUNTHER T. VERLEGER: Heißt das, ein Unternehmen darf auch mal in Schieflage geraten, ohne dass es gleich vom Untergang bedroht ist?

HARTMUT JENNER: Wenn ein Unternehmen in Schieflage gerät, zählt Ehrlichkeit und schnelles Handeln, um die Schieflage wieder zu beheben. Jeder Unternehmer, der glaubt, er könne etwas vertuschen, macht sich im Grunde lächerlich. Das war vielleicht früher einmal so – doch heutzutage ist das sehr naiv.
Menschen können mit Problemen und Krisen viel besser umgehen, als die Mehrheit glaubt. Denn jeder Mensch weiß, dass er selbst auch Defizite hat. Wir Menschen sind nicht perfekt – Gott sei Dank. Und Unternehmen sind auch nicht perfekt – denn ein Unternehmen besteht aus Menschen. Wenn etwas schief läuft, nicht verkünsteln, sondern die Sache klarstellen und lösen.

JÜRGEN LINSENMAIER: Gibt es hier auch Unterschiede in der Sache oder in den Kulturen? Wird manches verziehen und anderes nicht?

202

HARTMUT JENNER: Natürlich – hier gibt es auch Grenzen. Wenn Sie im arabischen Raum einen Fehler machen, der Auswirkungen auf deren Glauben hat, dann haben Sie ein echtes Problem. Vorfälle wie Kinderpornografie, Umweltkatastrophen oder Gefährdung von Menschen sind Angelegenheiten, bei denen jegliche Grenze überschritten ist. Hier kommen Sie mit Ehrlichkeit und schnellem Handeln nicht mehr raus und es ist nicht verzeihbar. Für Unternehmen, die absichtlich andere Menschen schädigen, gibt es keine Lösung, um den Ruf zu retten.

Und vor diesen Fällen müssen sich Unternehmen schützen. Wir haben bei Kärcher seit der Firmengründung drei Rückholaktionen durchgeführt, da die Gefahr bestand, dass Schäden für den Anwender möglich sein könnten. Wenn Sie in so einem Fall nicht handeln – also wissentlich keine Aktion einleiten, dann ist es vorbei mit dem guten Ruf. Wir wussten zwar, dass wir eventuell nicht mehr alle Kunden erreichen können, doch wir haben hier aktiv gehandelt. Ich sehe mich moralisch in der Verantwortung, alles Mögliche dafür zu tun, Schäden zu vermeiden.

GUNTHER T. VERLEGER: Und wie war dann die Resonanz Ihrer Kunden auf eine Rückrufaktion?

HARTMUT JENNER: Sehr gut – denn beim Kunden kam an, dass er uns sehr wichtig ist und dass wir uns um ihn kümmern. Was wir auch getan haben.

Zusammengefasst: Pressearbeit – egal welches Medium – ist wichtig und gehört dazu, um den Ruf aktiv nach vorne zu bringen. Beherzigen Sie sich allerdings auch folgendes:

- Glauben Sie nicht alles ungeprüft, nur weil es dokumentiert ist. Dies gilt auch, wenn es sich um eine seriöse Quelle handelt.
- Prüfen Sie die Fakten, wenn diese für Sie wichtig sind oder wenn Sie auf deren Basis wichtige Entscheidungen treffen.
- Sie können PR Arbeit nicht zu einhundert Prozent kontrollieren und Sie können nicht ausschließlich positive Meinungen einsammeln. Entscheidend ist, was Ihr Zielmarkt über Sie liest und schreibt.

Oder glauben Sie einen deutschen Mobilfunkprovider interessiert es, wenn ein Reisender in Kanada über schlechte Netzabdeckung berichtet. Dies sieht ganz anders aus, wenn es Berichte oder Rückmeldungen gibt, dass auf der

A8 von München nach Stuttgart ein Telefonat nicht länger als fünf Minuten geführt werden kann, weil der Zellenwechsel nicht funktioniert oder das Netz überlastet ist. Sollte dies nur bei Anbieter A der Fall sein – eindeutig schlechte PR. Sollte dies für 95 Prozent der Anbieter der Fall sein, besteht weniger Grund zur Sorge, sondern eher die Möglichkeit, seinen Marktfreunden in Zukunft einen Schritt voraus zu sein.

**Meine Gedanken/Anregungen/Ideen/Erkenntnisse
zur Verbesserung des Rufes im Bereich Presse:**

Werbung:
Werbung kostet doch nichts, oder?

Wenn die Werbeagentur das Sagen hat

Mittelständische Unternehmen haben oft das Problem, keine ausgebildeten Fachleute im Kommunikationsbereich „*Werbung*" zu haben. Wir unterstellen einmal, dass viele klassische Werbeagenturen diesen Umstand ausnutzen. Sie beeinflussen die Entscheider in den Unternehmen teilweise in hohem Maße.

Es werden neueste Trends heraufbeschworen und natürlich verkauft. Die notwendige Kontinuität wird über Bord geworfen und außenstehende Meinungen nehmen dadurch erheblichen, aber auch gefährlichen Einfluss auf Entscheidungen.

Fast noch schlimmer ist die qualitative Unfähigkeit vieler Agenturen zum Beispiel in puncto Text und Design. Eine Aufgabe der Werbung besteht darin, die Marke nach vorne zu bringen und Produkte, in enger Zusammenarbeit mit allen anderen strategischen Einheiten im Unternehmen, zu verkaufen. Dies wird konsequent vernachlässigt, Werbung wird so zum Selbstzweck abgestuft oder innerhalb des gesamten Marketingprozesses völlig falsch eingestuft und bewertet.

Ein Wechsel der Werbeagentur hin zu einer neuen führt nur dann zum Erfolg, wenn durch die eigene fachliche Qualifikation erkannt werden konnte, dass die qualitative Leistung der bisherigen Agentur Mängel aufwies.

Die Ursache liegt allerdings meist darin, dass der strategische Rahmen fehlt, der Prozess, nach welchem im Unternehmen gearbeitet wird. Besser ist es, über eine Systematik zu verfügen, die den gesamten Prozess steuert und jedem klar macht, dass Werbung nur EIN TEIL der Kommunikationsstrategie und die Agentur nur EIN TEIL des ganzen Systems ist.

Reine Werber, Kreative oder Ideenlieferer nehmen sich leider oftmals viel zu wichtig und drängen Leuten Ideen auf, die erstens keiner versteht und zweitens auch keiner braucht. Wenn wir bei Werbespots nach der x-ten Wiederholung nicht begreifen, worum es geht, ist das Geld deutlich am Produkt, an der Marke vorbei ausgegeben worden.

Die Unternehmer oder das Unternehmen sollten deshalb durch den eigenen, definierten Rahmen erkennen können, was „*funktioniert*".

Mit meinem Kopf in der Werbung

Thomas Gottschalk mag Gummibärchen. Johannes B. Kerner mag die Wurst. Verena Pooth, Oliver Kahn, Boris Becker und Michael Schuhmacher – in unsäglichen Werbespots tauchen Promi-Köpfe auf, um für Produkte und Dienstleistungen zu werben.

Das Problem ist, Promi-Köpfe haben für viele Menschen keine Vorbildfunktion mehr. Eine im Jahr 2010 für Aufsehen erregende Studie der Beratungsgesellschaft Faktenkontor und des Marktforschungsunternehmens Toluna veröffentliche Studie beweist es: 80 Prozent aller Bundesbürger wollen keine Promis mehr in der Werbung und 76 Prozent lassen sich nach eigener Aussage auch nicht mehr davon beeinflussen.

Wie das US-Marktforschungsunternehmen Ace Metrix in einer Studie herausfand, haben sich bis auf wenige Ausnahmen Prominente als Werbeträger als uneffektiv erwiesen. Die Marktforscher untersuchten insgesamt 2 600 Werbespots. Dabei stellten sie fest, dass bei einer herkömmlichen Kampagne die Verkaufszahlen um acht Prozent in die Höhe gehen. Bei der Darstellung von Promis als Werbebotschafter dagegen sanken die Verkaufszahlen um 1,4 Prozent.

Das Problem ist: Oft passt das beworbene Produkt nicht zu dem Prominenten, der es „verkaufen" soll. Wenig bis gar keine Authentizität. Das Ganze ist an der Stelle letztlich nicht glaubwürdig. Die Menschen möchten Authentizität spüren und erleben. Auch in der Werbung.

Professor Dr. Claus Hipp, unser Interviewpartner, steht in seinem Fernsehspot mit seinem guten Namen hinter seinen Produkten.

Genau darum geht es in Zukunft. Stehen Sie als Inhaber oder Geschäftsführer bewusst mit Ihrem guten Namen und Ihrem guten Ruf hinter Ihrem Unternehmen, Ihren Unternehmungen. Prominente in der Werbung sind Fremdkörper. Nur Sie selbst verkörpern die Authentizität, die die Menschen sich wünschen. Wenn Sie authentisch sein wollen, müssen Sie sich zeigen.

Von Mitarbeitern, Kunden und Chefs

So wie Sie als Chef Authentizität verkörpern, verkörpern auch Ihre Mitarbeiter und Ihre Kunden Ihre Authentizität.

Genau wie im Web werden Kundenreferenzen auch in der Werbung immer noch viel zu wenig für die Reputation benutzt. Einfache Referenzlisten, Know-how-Blätter also anhand von Kundenprojekten das eigene Können kommunizieren, Empfehlungsbriefe und Kundenteaser in Anzeigen sind nur eine Handvoll von Möglichkeiten, wie Sie Ihre Kundenprojekte einsetzen können.

Neutraler, ehrlicher und persönlicher können Sie Ihre Authentizität nicht transportieren und Ihre Reputation verbessern oder bekannter machen.

Allerdings gibt es noch viele weitere Mittel. Die Zukunft gehört in der Werbung nicht den Prominenten als Botschafter, sondern den ganz normalen Menschen, Ihnen als Chef und damit auch Ihren Mitarbeitern.

Kennen Sie Osiander? Osiander ist eine Buchhandelskette mit einem tollen Buchkatalog. Bei Osiander im Produktkatalog geben Mitarbeiter den lesebegeisterten Kunden Buchtipps. Konkret heißt das, die Mitarbeiter stehen persönlich hinter den Produkten. Das Produkt an sich ist austauschbar. Allerdings zeigen die Mitarbeiter Fachkompetenz, viel persönliches Engagement und Herzblut für das Produkt.

Bei Maler Deck in Karlsruhe läuft das nochmal anders. Da gibt es eine Plakatwand an prominenter Stelle in Karlsruhe, auf der sich Maler Deck als Chef persönlich bei seinen Mitarbeitern für die klasse Arbeit und das persönliche Engagement bedankt.

Da kommen gleich drei Punkte authentisch an: Die Qualität, die motivierten Mitarbeiter und ein Chef, dem seine Mitarbeiter wohl außerordentlich wichtig sind.

Die Hundert-Kleinigkeiten-Strategie

Ja, es gibt sie. Die zehn, zwanzig, fünfundzwanzig, fünfzig oder sogar hundert Kleinigkeiten für Ihren guten Ruf. Ich habe zwanzig Aktivitäten aus unserer Liste herausgesucht. Selbstverständlich lässt sich diese Liste individuell anpassen und auch „verlängern".

Fallen Ihnen noch andere Aktionen ein? Was machen Sie? Denken Sie an Details, die Menschen, Ihre Kunden, berühren. Ihr Kunde soll so „berührt werden", dass er darüber spricht. Schreiben Sie uns Ihre Kleinigkeiten!

Was hat diese Liste mit Werbung zu tun? Ihre persönliche Liste macht Werbung für Ihren guten Ruf, macht ihn bekannt, löst positive Mundpropaganda aus. Ihre Liste aktiviert Empfehlungen.

Nehmen Sie persönlich Kontakt auf!

1. Rufen Sie einen „*schlafenden*" Kunden an und fragen Sie nach, „*ob mit dem damaligen Auftrag noch alles in Ordnung ist und ob er etwas benötigt*".
2. Rufen Sie einen potentiellen Neukunden an.
3. Rufen Sie einen Kunden an und fragen Sie, ob Ihr Unternehmen irgendein Bedürfnis lösen kann.
4. Rufen Sie einen Kunden an und fragen ihn, wie zufrieden er mit Ihrer Arbeit war oder ist.
5. Rufen Sie einen Kunden an und fragen ihn, ob er Ihnen eine Referenz schreibt.
6. Rufen Sie einen Interessenten an, dem Sie ein Angebot geschickt haben und fragen nach, warum er nicht gekauft hat.
7. Hat Ihnen ein Referenzschreiben eines Kunden einmal zu einem Auftrag verholfen? Rufen Sie den Kunden an, der Ihnen die Referenz geschrieben hat, und erzählen ihm diese Geschichte.
8. Besuchen Sie eine Veranstaltung, bei der Sie Ihre Zielgruppe treffen.
9. Senden Sie einem Kontakt, den Sie vor – sagen wir – 100 Tagen kennengelernt haben, einfach eine handgeschriebene Postkarte.
10. Schicken Sie eine „*Dankeskarte*" an einen guten Kunden.
11. Bedanken Sie sich mit einem Blumenstrauß oder einer handgeschriebenen Postkarte bei jemandem, der Sie weiterempfohlen hat.
12. Schauen Sie nach, ob Sie nicht mehr benutzte Spielsachen haben und ab damit in den Kindergarten.
13. Sie haben letzte Woche einen neuen Auftrag fertiggestellt oder ausgeliefert. Rufen Sie Ihren Kunden an und sagen Sie ihm, wie viel Spaß Ihnen die Arbeit gemacht hat.
14. Lesen Sie die Tageszeitung oder ein Magazin unter dem Aspekt, was einen Ihrer Kunden interessieren könnte. Schicken Sie ihm diesen Artikel zu.
15. In den kommenden 72 Stunden empfehlen Sie einen Ihrer Kunden weiter – per Telefon oder in einem persönlichen Brief.

Nutzen Sie die Neuen Medien!

16. Schreiben Sie einen fundierten Kommentar in einen Blog oder einem Forum.
17. Aktualisieren Sie Ihre Kurzprofile und Ihre *„Über mich-Seiten"* in den sozialen Netzwerken, in denen Sie aktiv sind, beispielsweise bei XING.

Optimieren Sie Ihre internen Abläufe!

18. Lesen Sie Ihre Textbausteine, Standard- und Musterbriefe und optimieren Sie diese.
19. Bearbeiten und beantworten Sie Ihre Eingangspost und E-Mails noch am gleichen Tage.
20. Gehen Sie spätestens nach dem dritten Klingeln ans Telefon – und lächeln Sie dabei.

So, das reicht für zwanzig Arbeitstage und somit für einen kompletten Monat. Für jeden Tag ein kleines Karteikärtchen und los geht es. Übrigens: Möchten Sie Ihren Ruf mit einen Faktor X multiplizieren? Dann entwickeln Sie mit Ihren Mitarbeitern zusammen eine Liste, die Ihre Mitarbeiter *„abarbeiten"*.

Und fangen Sie nach vier Wochen einfach wieder von vorne an.

Zwischendrin: „No Corporate Style"

Serienbriefe – toll geschrieben, aber ohne Persönlichkeit. Mailings mit einer Auflage von 10 000 Stück, aber ohne Individualität. Leider ist das heute Standard. Möglich wird es durch tolle CRM-Programme. Verstehen Sie mich nicht falsch – Prozesse und CRM-Systeme machen durchaus Sinn. Die Personalisierung von Mailings ist allerdings die Basis und wird von den meisten Unternehmen bereits praktiziert. Das ist aber nicht das, was ich mit *„No Corporate Style"* meine.

„No Corporate Style" heißt frech sein, individuell sein. *„No Corporate Style"* pflegt einen persönlichen, direkten und unkonventionellen Schreibstil, angepasst auf die Situation und den Empfänger. Der Leser muss merken, dass Sie sich mit ihm beschäftigt und in einer bestimmten Situation an ihn ganz persönlich gedacht haben. Vermutlich gelingt Ihnen das nicht mit einer Massenware, von der Sie mal

kurz 10 000 Briefe versenden. Vielleicht ist der persönliche Geburtstagsbrief ja doch viel effektiver.

Kommen wir aber an den Anfang zurück. Warum schreiben Sie eigentlich Personen in *„entscheidender"* Funktion persönlich an? Ja, werden Sie sagen, um Geschäfte zu machen.

Es gibt viele Gründe, um ein (Neu-) Geschäft zu machen und für die es sich lohnt, sich wirklich die Zeit zu nehmen, individuelle Briefe zu schreiben:

1. Sie möchten spezielle Angebote anbieten.
2. Sie möchten neue Kontakte ansprechen.
3. Sie möchten Kunden zurückgewinnen.
4. Sie möchten ein Folgegeschäft auslösen.
5. Sie möchten Menschen nach dem Kauf Ihrer Produkte nachhaltig begeistern.

Meinen Sie auch, standardisierte Mailings, die mit *„Sehr geehrter Herr Linsenmaier"* anfangen, reichen aus? Weit gefehlt. Menschen möchten sehr, wirklich sehr persönlich und emotional angesprochen werden. Sie möchten *„merken"*, dass Sie persönlich in bestimmten Situationen an sie denken.

Konkret: Individualität und Persönlichkeit sind erste Priorität. Hier ein kurzes Beispiel:

Lieber Herr Linsenmaier,

meine Frau und ich genießen gerade eine hervorragende Flasche Rotwein. Und zwar vom gleichen Weingut, von dem Sie vor zwei Wochen bei uns im Weinkeller den Chardonnay probiert haben. Sie erinnern sich? Der Wein, der Ihnen so gut geschmeckt hat, dass Sie spontan sechs Flaschen mit nach Hause genommen haben.

Ich werde gerne ein paar Flaschen vom Roten zurücklegen und wenn Sie uns nächstes Mal im Weinkeller besuchen, werden wir ihn gemeinsam probieren. Ich denke, er wird Ihnen schmecken.

… und falls Sie ein gutes CRM-System haben, können Sie das sogar darüber realisieren!

Weitere mögliche „*Start-ups*" sind:

1. Ich sitze gerade im Kino, im Restaurant, im Auto und denke an ...
2. Ich sehe oder höre gerade einen Kinofilm, einen Fernsehfilm, ein Radio-interview ...
3. Ich lese gerade in einem Buch, Zeitungsartikel ...

Nochmals die wichtigste Erkenntnis: Alle diese „*Entscheidungsträger*" sind Menschen. Menschen mögen es, wenn man an sie denkt und sie sehr, wirklich sehr persönlich anschreibt.

Weitere Basics sind:

1. Das Schreiben darf keinen Serienbriefcharakter haben – kommen Sie nicht einmal auf den Gedanken!
2. Verwenden Sie bloß keine Textbausteine!
3. Unterschreiben Sie immer persönlich und mit Tinte!
4. Schreiben Sie die Adresse immer von Hand auf den Umschlag!

Tipp: Schreiben Sie jeden Monat fünf „*No-Corporate-Style*"-Briefe. Sie werden überrascht sein, was passiert.

Reputationsauslöser Jahresbrief

Ich freue mich jedes Jahr darauf: Mein langjähriger Freund und Rechtsanwalt verschickt jedes Jahr zu Weihnachten einen Jahresbrief. Die Geschichten sind oft sehr persönlicher Natur. Allerdings verkündet er auch, ohne ein Blatt vor den Mund zu nehmen, seine Meinung zu politischen Vorgängen. Immer mit einem Schuss Humor. Bei uns zu Hause liegt der Jahresbrief wochenlang auf dem Wohnzimmertisch und wird immer wieder zur Hand genommen.

Ich kannte das schon. Ein früherer Chefredakteur in meinem damaligen Verlag hat das bereits vor dreißig Jahren so gemacht. Handgeschrieben, kopiert und an seine Geschäftskontakte versendet.

Unsere Marketingberatung hat das einmal für einen Kunden aus dem Handwerksbereich konzipiert. Die Aufgabe für den Kunden war, sich über das ganze Jahr hinweg kurze Notizen zu machen. Was im Berufsalltag so passiert ist oder zu Hause, mit den Kunden, den Mitarbeitern oder den Kindern, mit Mann, Frau, Oma oder Opa. Am Ende des Jahres wurde dann in einer Redaktionssitzung festgelegt, was in den Jahresbrief kommt. Und in der Vorweihnachtszeit ging der Brief an rund hundert Kontakte. Die Resonanz war phantastisch. Mindestens sechs Monate lang wurden unser Kunde und seine Mitarbeiter immer wieder auf den Brief angesprochen.

Reputationsauslöser Briefkastenwurf

Ihr Briefkasten quillt über von Verkaufsflyern und Prospekten. Bitte keine Werbung. Der Konsument reagiert und die Werbung bleibt draußen.

Das kennen Sie auch: Der Nachbar renoviert oder ein paar Häuser weiter wird sogar ein komplett neues Haus gebaut. Dreck, Lärm und Baustellenfahrzeuge auf Ihrem Parkplatz. Ärger den ganzen Tag.

Handwerker haben häufig einen schlechten Ruf. Wie also kann da ein einzelner Handwerker aus der Masse herausstechen? Ganz einfach mit dem Briefkastenwurf, wie ich ihn immer nenne.

Der Briefkastenwurf. Ein persönliches Anschreiben an die Nachbarn, in dem man sich für Krach, Lärm, Baustellenfahrzeuge persönlich entschuldigt. Persönlich heißt, Sie als Chef. Von Ihnen mit Füller und blauer Tinte unterschrieben. Sie bieten an, dass man Sie Tag und Nacht anrufen darf, wenn durch Ihre Mitarbeiter oder Ihre Baustellenfahrzeuge Probleme auftauchen. Glauben Sie wirklich, dass diese *„Werbung"* jemanden ärgert? Glauben Sie wirklich, dass jemand diese Werbung in den Papierkorb wirft? Im Gegenteil, dieser Brief wandert in den Aktenordner. Man könnte ihn ja einmal brauchen. Wissen Sie, wann man sich an diesen Reputationsauslöser erinnert? Genau – wenn man Ihre Dienstleistung als Maler, Fliesenleger oder Schreiner selbst benötigt.

Ein Kunde von uns erzählte mir, seit er das mache, laufen die Nachbarn an seiner Baustelle mit einem Lächeln vorbei. Freundliche Gesichter in der Nachbarschaft. Der eine oder andere hält an und sagt *„Toll, so was hätte er ja noch nie erlebt"*.

Reputationsauslöser Kundenbefragung

Maler Deck in Karlsruhe ist nicht nur Mister Social Media. Nein. Was er vor allem macht, ist bestes Reputations-Marketing. Ein Beispiel: Maler Deck fügt nach jedem Auftrag der Rechnung einen kleinen Zettel bei, eine Kundenumfrage im Stil der Schulnoten, wie wir sie von früher her kennen. Natürlich geht es darum zu erfahren, wie die Dienstleistung qualitativ und vom Service eingestuft wird.

Ich kenne inzwischen einige Unternehmen, die das machen. Was passiert mit den Ergebnissen? Oft verschwinden diese Auswertungen in den Schubladen der Geschäftsführer oder Marketingleiter.

Nicht so beim Mister Social Media. Als erstes wird getwittert, gefacebooked oder gebloggt, was das Zeug hält. Er freut sich bei jeder Rücksendung durch einen Kunden wie ein kleines Kind über die Note eins und über eine tolle Bewertung für seine Mitarbeiter. Mit einer Freude, die bei jeder Veröffentlichung seinen Stil und Charakter unterstreicht. Einhundert Prozent authentisch. Jedes Mal steigt seine Reputation bei mir um einen kleinen Prozentpunkt.

Warum veröffentlicht niemand seine Kundenbewertungen auf seiner Homepage oder nutzt sie in seiner Werbung? Tun Sie es unbedingt! Bei „unserem" Stuckateur-Konzept haben wir genau das in die Kommunikation mit eingebaut.

Reputationsauslöser Erste-Klasse-Etat

Unser Bürovermieter hat uns einen Boden legen lassen. Von einem Fachmann. Nun, an einer Stelle hat sich eine Woche nach dem Verlegen der Boden vom Untergrund gelöst und eine Luftblase entstand. Der Mitarbeiter hat diese Luftblase leicht aufgeschnitten und neu verklebt. Leider war an der Schnittstelle die Farbe jetzt nicht mehr ganz original.

Auf meine Frage hin „Was man da jetzt machen könne?", meinte er nur, er würde kurz zum Kaufhaus fahren, einen passenden Farbstift kaufen und die Stelle farblich „anpassen". Ich war verblüfft. Ein Erste-Klasse-Etat. Der Mitarbeiter hat kurzerhand entschieden – und er hatte die Befugnis zu entscheiden, die Re- klamation sofort zu bearbeiten und schnell zu reparieren.

So ein Erste-Klasse-Etat schafft eine exzellente Reputation, löst Mundpro- paganda und Empfehlungen aus. Wichtig ist, dass Ihre Mitarbeiter über die Ver- wendung des Erste-Klasse-Etats selbst entscheiden dürfen. Steht dem Mitarbeiter also Geld oder Material zur Verfügung, wird die Verwendung eigen-verantwortlich entschieden, die Menge aber von Ihnen vorgegeben und kontrolliert.

Vier Möglichkeiten, um einen Erste-Klasse-Etat effektiv zu nutzen

Es gibt unendlich viele individuelle Möglichkeiten, einen Erste-Klasse-Etat einzusetzen, die folgenden vier sind als erste Impulse für ganz individuelle Ideen gedacht:

1. Die kleinen Dinge
Die kleinen Aufmerksamkeiten sind es, die Herzen gewinnen. Ein Blumenstrauß oder eine Tafel Schokolade an der richtigen Stelle, eine Einladung zu Kaffee und Kuchen oder eine Flasche Wein für den Genießer. Setzen Sie Ihren Mitarbeitern Ziele, zum Beispiel die Vorgabe, 52 Freunde im Jahr zu gewinnen. Der Erste-Klasse-Etat ergibt einen *„Freund"* pro Woche. 52 Wochen ergeben folglich 52 loyale Freunde.

2. Eine schnelle Reklamationsbearbeitung
Reklamationen, die mit geringen Materialkosten beseitigt werden können, sollten vom Mitarbeiter sofort bearbeitet werden. Kostenlos, schnell, auf direktem Wege und damit sehr persönlich.

3. *„Wow"*-Service
Legen Sie *„noch was drauf"*. Beim Metzger gibt die Verkäuferin Stammkunden schon mal 50 Gramm einer neuen Wurstsorte zum Probieren mit und der Elektriker überreicht für den Notfall eine kostenlose Ersatzlampe oder eine Taschenlampe.

4. Kostet gar nichts: Rufen Sie doch mal an!
Kostet gar nichts ist nicht ganz richtig. Telefonieren kostet Zeit. Zeit ist Geld. Barack Obama soll vor seiner Wahl 2008 täglich fünf Stunden telefoniert haben. Es gibt Leute, die sagen, er hat deshalb die Wahl gewonnen. Nehmen Sie sich Zeit zu telefonieren, um Kontakt zu halten.

Und noch einer zum Schluss

Sicherlich kennen Sie Angebote, von Handwerkern beispielsweise oder von Ihrem Zahnarzt. Manchmal umfassen sie seitenlange Zahlenkolonnen mit der detaillierten Auflistung aller Produktdetails. Am Ende steht der Preis. Das war's, kein individuelles Anschreiben, nichts. Mir ist dabei durchaus klar, dass Angebote aus rechtlichen Gründen oftmals Detailbeschreibungen notwendig machen. Aber diese Angebote sind nach dem Motto aufgebaut *„Hauptsache, der Preis stimmt"*.

Null Individualität. Am Schluss steht der zusammenaddierte Gesamtpreis. Wonach entscheidet der Kunde also? Logisch, nach dem Preis. Sonst hat er ja nichts.

Wollen Sie also, dass Sie immer den billigsten Preis anbieten müssen, um den Auftrag zu erhalten oder geht es Ihnen darum, den Auftrag mit einem gut kalkulierten Angebot zu gewinnen? Selbst öffentliche Ausschreibungen gehen inzwischen nicht immer an den günstigsten Anbieter.

Argumente schlagen Rabatte. Daran sollten Sie immer denken und Ihre Angebote entsprechend aufpeppen. Ja, das ist ein enormer zusätzlicher Aufwand, aber er lohnt sich. Beeindrucken Sie mit Umfang, auch wenn der Kunde nur darin blättert. Er wird Ihre Argumente allemal bemerken, auch wenn er nicht alles liest.

Die Liste ist lang: ... Deckblatt, Anschreiben, Pluspunkte wie großes Lager, Lieferservice innerhalb von 24 Stunden, Garantien wie Sauberkeitsgarantie oder Kompetenzgarantie, Visitenkarte beilegen, Präsentationsmappe, Kundenbefragungen beifügen, Know-how-Blätter, Referenzbriefe integrieren ... die Liste ist wirklich lang.

Eines aber sollten Sie unbedingt vergessen: Worthülsen, wie Top-Qualität oder bester Service, Worthülsen aus der Werbung, die fast nie eine Wirkung erzeugen.

Letztlich muss das Angebot zu Ihnen passen und damit zu den Menschen, die Sie als Kunden gewinnen möchten.

**Meine Gedanken/Anregungen/Ideen/Erkenntnisse
zur Verbesserung des Rufes im Bereich Werbung:**

Ihr guter Ruf verkauft! Sonst nichts. **219**

5. Erfolg der Interviewpartner

Alle Interviewpartner sind in Ihrer Branche extrem erfolgreich und genießen einen besonders guten Ruf. Zum Abschluss haben wir allen die Frage gestellt:

JÜRGEN LINSENMAIER/GUNTHER T. VERLEGER: Was bedeutet für Sie persönlicher Erfolg:

ANDREAS BARTMANN (Globetrotter): Glücklich sein.

HOLGER BLAUFUß (McDonald's): Wenn ein Franchise-System nicht nur in der Theorie sondern in der Praxis erfolgreich ist, wenn die gesetzten Standards in jedem Restaurant erfolgreich umgesetzt werden, wenn Franchise-Nehmer, Lieferanten, Dienstleister und der Franchise-Geber gutes Geld verdienen, dann bedeutet das für mich Erfolg.

WOLFGANG GRUPP (Trigema): Erfolg haben, ist keine Kunst. Erfolg hatten viele, aber den Erfolg durchgestanden haben nur wenige. Deshalb ist es meine Aufgabe solange ich in dieser Position bin, den Erfolg auch durch-zustehen. Das heißt den Wandel der Zeit konstant zu erkennen, um auch die Arbeitsplätze meiner Mitarbeiter in der Zukunft garantieren zu können!

PROF. DR. CLAUS HIPP (Hipp): Dass man es recht gemacht hat.

HARTMUT JENNER (Kärcher): Erfolg besteht für mich zu 97 Prozent aus Arbeit, zu zwei Prozent aus Talent und zu einem Prozent aus Glück. Dann werde ich Erfolg haben. Persönlich heißt es für mich „ein selbst gestecktes Ziel zu erreichen".

GERD KULHAVY (Speakers Excellence): Erfolg bedeutet für mich ein selbstbestimmtes Leben zu führen. Wobei ich da noch nicht ganz angekommen bin. Es ist die größte Antriebskraft des Lebens, entscheiden zu können und Freiheit zu haben.

DR. IVAN MISNER (BNI): Erfolg ist für mich die außergewöhnliche Anwendung von gewöhnlichem Wissen. Was heißt das? Als ich meine ersten Unternehmerinterviews mit Persönlichkeiten durchgeführt hatte, die schon lange dort waren, wo ich hin wollte, fragte ich jeden einzelnen was für ihn

Erfolg sei. Die Antworten, die ich erhalten habe, waren Dinge wie: Leidenschaft, Vision, Beständigkeit, Ziele, Systeme, soziales Kapital usw. Dann habe ich mit Unternehmern aus den BNI-Chaptern gesprochen – also von kleinen und mittelständischen Unternehmen. Was ist Ihrer Meinung nach das Geheimnis des Erfolges? Und diese antworteten mir: Leidenschaft, Vision, Beständigkeit, Ziele, Systeme usw. Und ich sagte: cool, das sind ja die gleichen wie bei den Millionären. Zu dieser Zeit habe ich noch an der Universität unterrichtet und habe den Studenten die gleiche Frage gestellt: Was ist Ihrer Meinung das nach Geheimnis von Erfolg? Sie antworteten: Leidenschaft, Vision, Beständigkeit, Ziele, Systeme usw. Das brachte mich zum Nachdenken: Wenn wir nun alle wissen – egal wo wir gerade im Leben stehen – was es braucht, um erfolgreich zu sein, warum sind wir dann nicht alle so erfolgreich wie wir es gerne sein wollen? Und darauf habe ich die Antwort für mich gefunden: Erfolg ist die außergewöhnliche Anwendung und Umsetzung von gewöhnlichem Wissen.

Dies ist nur ein kleiner Baustein, doch es ist ein wohlbekannter. Und so gibt es viele wohlbekannte Elemente, die nur angewandt werden müssen. Für mich persönlich ist es wohl Beharrlichkeit und Eigenmotivation. Das ist mein Geschenk. Klar habe ich Visionen, Ziele und Systeme. Ich werde wohl niemals der Intelligenteste in einem Raum von Unternehmern sein, doch ich werde wohl immer zu den beharrlichsten gehören. Dies ist mein Geschenk und meine eigene persönliche Stärke – andere Unternehmer werden andere Stärken haben, die sie auf den Weg des Erfolges bringen und begleiten.

DANIEL STOCK (STOCK***** resort): Erfolg für mich als Einzelperson bedeutet, glücklich und gesund zu sein. Das sind die zwei Klassiker.

Erfolg bedeutet für mich, wenn gute Mitarbeiter dem Betrieb erhalten bleiben. Wenn ich persönlich dazu beitrage, etwas für die Familie getan zu haben, sodass diese zusammen gut funktioniert. Wenn mich am Ende der Woche ein Gast mit Tränen in den Augen umarmt und sagt, „Daniel, es war wieder wunderschön. Danke für die schöne Zeit." Wenn wir das Hotel wieder umbauen können, weil es gut läuft, wir die finanziellen Mittel und die Motivation dazu haben. Wenn ich am Abend nicht mit negativen Gedanken schlafen gehe. Wenn ich als Unternehmer es schaffe, geistig, gedanklich frei zu sei, mich neu zu finden, zu erden, um wieder ruhig zu werden und wieder Platz zu haben für Ideen.

Ausgang der Geschichte vom ersten Kapitel

Sie haben das Buch bis hier gelesen, nun möchten wir Ihnen natürlich auch noch den Ausgang der einleitenden Geschichte aus den Rocky Mountains berichten – Sie erinnern sich noch?

Ich packte all meinen Mut zusammen, ging ins Büro und sagte ich wollte den Ressortleiter Silvio sprechen. Natürlich fragte mich die Dame am Empfang *„Um was geht es denn und wen darf ich anmelden?"* Ich sagte nur meinen Namen, dass ich so begeistert vom Skigebiet und vom Outfit seiner Lift-Boys sei und ihm hierzu eine Frage stellen wolle. Die Dame am Empfang sagte *„O.K. –kommen Sie mit – ich schau' mal, ob er Zeit hat"*. Ich war baff. Einfach fragen und weiter geht's. Ich ging also in voller verschwitzter Skimontur der Empfangsdame den Gang hinterher, immerhin war ich den ganzen Tag auf den Brettern gestanden, bis wir vor Silvios Büro standen. Sie klopfte und fragte nach: *„Hi Silvio, hier ist ein junger Mann aus Deutschland, der von unserem Ressort begeistert ist und dich etwas zum Outfit unserer Lift-Boys fragen möchte – hast du eine Sekunde Zeit?"* Eine kurze Pause, dann eine Antwort, die ich nicht verstand, weil ich um die Ecke stand und mir ziemlich dämlich vorkam. Die Empfangsdame drehte sich zu mir und sagt *„Komm' rein – er empfängt dich"*. *„Wow"*, ich war baff! Mit weiterhin gedrückten Daumen fasste ich allen Mut zusammen, ging auf Silvio zu und berichtete ihm voller Begeisterung von meinem Skitag und gestand ihm, dass ich als Erinnerungsstück eine Original Breckenridge Lift-Boy Fleece-Jacke von THE NORTH FACE® mitnehmen wollte, diese aber nirgends in den Läden erhielt. Er startete einen kurzen Small-talk, erkundigte sich wie oft ich schon hier war, wie lange ich noch hier sein würde etc. pp und meinte dann *„O.K. – schauen wir mal, was wir da machen können"*.

Gemeinsam marschierten wir vor zum Empfang. Er ging auf eine seiner Damen zu und meinte *„Würdest du bitte so nett sein und Gunther runter zu unserem Mitarbeiterverkauf führen. Dort müssten wir sein Erinnerungsstück vorrätig haben"*. Da Silvio so schnell gesprochen hatte, konnte ich nicht alles verstehen – ich verabschiedete mich also von ihm und wurde von einem Mitarbeiter über ein paar Stockwerke, Türen und Gänge in den Mitarbeiterverkauf im zweiten Untergeschoss geführt. Hier hat normalerweise außer den Teams wirklich niemand Zugang. Dort angekommen konnte ich meinen Augen nicht trauen – jegliches Outfit in Regalen in allen Größen und Varianten. Und natürlich DIE Fleece-Jacke. Ich habe sie anprobiert und mich sofort wohl gefühlt. Dann fiel mein Blick auf das Preisschild. Um ehrlich zu sein, war die Jacke für mein damaliges Budget viel zu teuer – trotz Mitarbeiterpreis! Ich ging dennoch zur Kasse und wollte zahlen. Dort wurde ich nach meiner Mitarbeiter-Nummer gefragt. Sollte das nun heißen, dass ich kurz vor meinem Ziel doch gescheitert war? Die Dame an der Kasse machte mir klar, dass Sie nur an Mitarbeiter verkaufen darf. O.K. – ich erzählte die ganze Story also nochmals. Sie schaute mich wirklich verdutzt an, griff zum Telefon und wählt die Nummer von Silvio. Zwei, drei mir unverständliche Sätze wurden gewechselt, dann legte sie wieder auf. Schweigend schaute ich sie an. Dann sagte sie *„Silvio meinte, es ist o.k."* Mir fiel ein Stein vom Herzen. Also gab ich ihr meine Kreditkarte, um zu zahlen. Sie meinte allerdings *„Nein, nein, Silvio hat gesagt, es ist o.k. – die Jacke ist ein Geschenk für dich. Du brauchst sie nicht zu bezahlen!"*

Dies ist eine wahre Geschichte. Ich habe bisher in den USA sechs große Ski-Ressorts besucht. Was glauben Sie, von welchem Skigebiet in den USA ich am meisten schwärme? Mit so einer Aktion löst man *„wow"*-Effekte für die Reputation aus, die durch nichts zu toppen sind.

Mich persönlich begeistern solche Erlebnisse – nicht nur weil ich die Jacke kostenlos erhalten habe. Nein, weil positive Überraschungen, *„wow"*-Erlebnisse, einfach genial sind und das Leben bereichern.

Wir wünschen Ihnen, dass Sie in Zukunft noch mehr zu den Unternehmen, Unternehmern, Führungskräften und Mitarbeitern gehören, die viele *„wow"*-Erlebnisse für den guten Ruf sowohl selbst auslösen als auch erleben dürfen.

Und beachten Sie bei all den Erlebnissen – der Ruf wird auch als der Schatten des Charakters eines Menschen bezeichnet. Menschen mit einem nachhaltigen großartigen Ruf haben also auch einen nachhaltigen großartigen Charakter.

Schreiben Sie uns Ihre „*wow*"-Erlebnisse – egal ob kleine oder große. Was tun Sie für Ihre Kunden, um dadurch einen Spitzenruf zu generieren? Oder wenn Sie dies nicht preisgeben wollen, schreiben Sie uns Ihre „*wow*"-Erlebnisse, die Sie als Kunde bei einem Produkt oder einer Dienstleistung selbst erlebt haben.

Nutzen Sie hierfür unsere Fan-Seiten www.facebook.de/ihrguterrufverkauft oder auf Google+.

6. Interviewpartner und Autoren

Andreas Bartmann

Vor mehr als dreißig Jahren begann Andreas Bartmann, 1959 in Hamburg geboren, während seines Studiums der Produktionstechnik als Aushilfe bei Globetrotter Ausrüstung. Seit 1989 ist er geschäftsführender Gesellschafter des Unternehmens.

Mit großem Engagement, Innovationen und zukunftsweisenden Erlebniseinkaufswelten ist Globetrotter Ausrüstung in über 30 Jahren zu einem der größten Outdoor-Händler Europas herangewachsen. Der Hamburger Einzelhändler beschäftigt in seinen acht Filialen sowie im Versand rund 1.600 Mitarbeiter aus 60 verschiedenen Nationen.

Aus Abenteuerlust und unternehmerischem Wagnis ist eine europaweit erfolgreiche Firma entstanden, die stets hochmotiviert in die Zukunft blickt und die Outdoor-Fans mit neuen Ideen überrascht. Es wird versucht, den familiären Geist, der bereits 1979 die beiden Gründer Klaus Denart und Peter Lechhart mit ihren ersten Kunden verband, auch heute noch zu erhalten.

Holger Blaufuß

Holger Blaufuß ist Jahrgang 1962 und seit über 30 Jahren für die Marke McDonald's tätig. Was als Schülerjob begann wandelte sich über die Positionen Trainee und Restaurant Manager schnell in Beruf und Passion. In den Jahren 1983 bis 1990 arbeitete Holger Blaufuß für zwei Franchise-Nehmer bevor er 1990 zurück zur Company nach München wechselte. Über die Positionen Restaurant Manager, Supervisor, Field Consultant und Operations Manager kam er 2002 in Hauptservicecenter und ist heute als Franchise Manager unter anderem für die Partnerauswahl zuständig und ehrenamtliches Vorstandsmitglied im Deutschen Franchise-Verband e.V.

Wolfgang Grupp

Wurde am 4. April 1942 geboren. Er ist verheiratet und hat 2 Kinder. 1961 absolvierte er das Abitur am Humanistischen Jesuiten-Kolleg St. Blasien. 1967 erlangte er das Diplom/Examen in Betriebswirtschaft an der Universität Köln. 1969 tritt er in die großväterliche Firma Gebr. Mayer KG in Burladingen ein. Seine Verantwortung: Aufbau des Geschäftsbereiches Sport- und Freizeit-Bekleidung unter der Marke „TRIGEMA". Seit 1972 hat er die alleinige Geschäftsführung.

Herr Grupp ist ein Verteidiger des deutschen Arbeitsplatzes. Unter seiner Führung hat die Firma Trigema seit seinem Eintritt im Jahre 1969 weder kurzgearbeitet noch Arbeitskräfte aus Arbeitsmangel entlassen und garantiert auch heute noch den Kindern aller Mitarbeiter einen Arbeitsplatz nach deren Schulabgang.

Während in der Textil- und Bekleidungsindustrie in Deutschland die Mitarbeiter seit 1970 von 850.000 auf fast 200.000 reduziert wurden, wurden bei TRIGEMA in dieser Zeit nicht nur die Arbeitsplätze erhalten, sondern allein in den letzten 20 Jahren 450 zusätzliche Arbeitsplätze geschaffen.

Außerdem vertritt Herr Grupp die Meinung, dass eine Produktion in Deutschland jeder ausländischen Produktion vorzuziehen ist. Voraussetzung ist allerdings, dass die qualifizierten Arbeitskräfte richtig eingesetzt, entsprechend motiviert und vor allem ihre Leistung genutzt wird.

Prof. Dr. Claus Hipp

Wurde 1938 in München, als zweites von sieben Kindern geboren. Er selbst ist Vater von fünf Kindern. Nach seinem Jurastudium erfolgte die Promotion zum Dr. jur.. Claus Hipp ist Professor an der Fakultät Betriebswirtschaft der Staatlichen Universität in Tiflis, Georgien.

HiPP Babynahrung wurde im Jahr 1932 durch Gregor Hipp gegründet. Sein Sohn, Claus Hipp übernahm 1967 den Familienbetrieb und entwickelt diesen zu einem der führenden Hersteller für Babynahrung.

HiPP besitzt Produktionsstätten in Deutschland, Kroatien, Österreich, Russland, Schweiz, Ukraine und Ungarn. Sein Marktanteil beträgt circa 51% in Deutschland

Seine Erfolgsgeschichte ist vielen bekannt – und auch sein Versprechen: „*Dafür stehe ich mit meinem Namen*". Das Unternehmen produziert heute unter strengen Kriterien und Kontrollen mehr als 250 Artikel. Diese Bioqualität wird unter anderem durch seine Zulieferstruktur mit circa 6 000 Biobauern gewährleistet.

Weniger bekannt ist, dass Claus Hipp auch als Künstler unter seinem Geburtsnamen Nikolaus Hipp als freischaffender Künstler tätig ist. Seine abstrakten Werke sind in verschiedenen Galerien und Museen weltweit zu bewundern. Prof. Dr. Claus Hipp hat zudem eine ordentliche Professur für nichtgegenständliche Malerei an der Staatlichen Kunstakademie Tiflis in Georgien

Hartmut Jenner

Der Diplom-Kaufmann und Diplom-Ingenieur ist seit 1991 für Kärcher tätig. Nach seinem Studium an der Universität Stuttgart war Hartmut Jenner zunächst Assistent des kaufmännischen Geschäftsführers, bevor er zum Leiter des betrieblichen Rechnungswesens avancierte.

1994 wurde er kaufmännischer Leiter und stellvertretender Spartenleiter der Anlagentechnik. 1997 übernahm er die Leitung des Geschäftsfelds Home & Garden (Endverbraucherprodukte) und war ab 1998 gleichzeitig Chief Executive Officer für Nordamerika.

Im Jahr 2000 wurde Hartmut Jenner zum Geschäftsführer ernannt; ein Jahr später zunächst zum Sprecher, dann zum Vorsitzenden der Geschäftsführung der Kärcher-Gruppe.

Seit 2001 ist er auch Vorstand der Alfred Kärcher-Förderstiftung.

Gerd Kulhavy

Gerd Kulhavy, der führende Experte für Trainer- und Rednerpositionierung hat sich mit seinem Konzept „ *Vom Trainer zur Marke* " einen Namen gemacht. Er gilt als „ *der* " Pionier des deutschsprachigen Speakers-Marktes und prägte ihn nachhaltig mit den von ihm entwickelten Marketingstrategien.

Der Vollblutunternehmer und Marketingspezialist Gerd Kulhavy studiert seit über 15 Jahren die Erfolgsrezepte und Geheimnisse der namhaftesten Trainer und Referenten des nationalen und internationalen Marktes. Begegnungen und Gespräche mit prominenten Persönlichkeiten aus Politik, Sport, Wirtschaft, Bildung und Life Style inspirierten ihn tiefgreifend.

Als Vorsitzender der Geschäftsführung der Speakers Excellence Deutschland Holding GmbH, begleitet er heute eine ausgewählte Zahl von herausragenden Top-Referenten auf ihrem Weg zur „ *Marke* ". Gerd Kulhavy ist ein Mann aus der Praxis für die Praxis, dem es auf beeindruckende und unverwechselbare Art und Weise gelingt, die Kernthemen und -botschaften eines Referenten wirkungsvoll auf den Punkt zu bringen.

Er ist Gründer und Geschäftsführer der Referentenagentur Speakers Excellence, Mitbegründer der Conga Award Service GmbH, Vorstandsmitglied der Vereinigung Deutscher Veranstaltungs-organisatoren e.V., Mitglied der ISAB (International Assocation of Speakers Bureaus) und Sachbuchautor.

Dr. Ivan Misner

Dr. Misner promovierte an der University of Southern California. Er ist ein New York Times Bestseller-Autor, der 17 Bücher geschrieben hat. Darunter sein neuester Nr. 1 Bestseller über „Business Networking and Sex (nicht was Sie denken)". Er ist ein monatlicher Kolumnist für Entrepreneur.com und Fox Business News und lehrte Betriebswirtschaft als Dozent an mehreren Universitäten in den Vereinigten Staaten. Darüber hinaus ist er der Senior Partner für das Referral Institute – ein Institut für Empfehlungsmarketing mit Trainern auf der ganzen Welt.

Von CNN wird er „Vater des modernen Netzwerkens" und von Entrepreneur Magazin der „Networking Guru" genannt. Dr. Misner zählt weltweit zu den führenden Experten für Business-Networking und wurde häufig als einer der Hauptredner für große Unternehmen und Verbände in der ganzen Welt gebucht. Es wurde über ihn in der LA Times, Wall Street Journal und New York Times berichtet. Ebenso trat er in zahlreichen TV-und Radio Sendungen auf, wie z. B. CNN, BBC und The Today Show auf NBC.

Dr. Misner ist auf dem Board of Trustees der Universität von LaVerne. Er ist auch der Gründer des BNI Misner Charitable Stiftung und wurde kürzlich mit dem Namen „Humanitarian of the Year" durch das Rote Kreuz ausgezeichnet. Er ist verheiratet und lebt mit seiner Frau Elisabeth und seinen drei Kindern in Claremont, Kalifornien. In seiner Freizeit ist er ein Amateur Zauberer und trägt den schwarzen Gürtel in Karate.

Daniel Stock

Daniel Stock ist am 23.03.1977 geboren. Neben seinen Geschwistern Christine Stock (Entwicklerin der exklusiven Kosmetiklinie Stock Diamond) und Alexander Stock (Stock Real Estate München), ist er der jüngste Sohn von Barbara und Josef Stock. Nach dem Sportgymnasium ging er auf die Hotelfachschule mit anschließender Gastronomielehre. Neben diversen Ausbildungen kann sich Daniel Stock heute u. a. als Dipl. Vitaltrainer und Sommelier bezeichnen.

Sein Herz schlägt für den Sport (Skifahren, Joggen, Mountainbiken) und dem Genießen der besonderen Dinge im Leben. Dies sind u. a. seine Lieblingsweine aus Österreich (z. B. Mount Stock Senior), Reisen, Aktionen mit Freunden und fast alles was den Adrenalinausstoß fördert.

Glücksgefühle werden bei Ihm ausgelöst wenn alle in der Familie gesund sind, er eine Stunde laufen war oder einen Berggipfel erklommen hat. Er ist dankbar für die Art des Lebens, welches er leben darf, und für so viele glückliche und begeisterte Gäste.

Seine Lebensvision ist: viel erleben – aber auch sehr viel geben. Dazu gehört leidenschaftliche Dienstleistung: *„Ich liebe die Arbeit im größten Wohnzimmer der Welt – das STOCK***** resort".*

Ihr guter Ruf verkauft! Sonst nichts. **239**

Jürgen Linsenmaier

Der Funke sprang früh über: Schon als Student gründete er sein erstes Unternehmen – einen Verlag. Alle Zeitschriften, die er als Verleger konzipiert hat, sind, nach inzwischen 30 Jahren, immer noch am Markt bedeutend platziert. Jürgen Linsenmaier (geb. 1961) war jahrelang Geschäftsführer eines Zeitschriftenverlages. Nach der Fusion mit einer Werbe- und Internetagentur war er Vorstand der MEDIA UNITS AG. Nach dem Verkauf der Titelrechte des Zeitschriftensegmentes an die Motor Presse Stuttgart ist er seit 11 Jahren Inhaber des Unternehmens LINSENMAIER UND KUNZ | DIE MARKETINGBERATER, die er zusammen mit seiner Frau erfolgreich führt.

Aus dieser über dreißigjährigen Berufs- und Lebenserfahrung heraus ist *„Der Faktor Reputation"* entstanden. Eine Systematik, die Unternehmern die Möglichkeit bietet, ihr Marketing so auszurichten, dass Kunden nachhaltig kaufen.

Inzwischen ist Jürgen Linsenmaier als Redner und Marketingexperte unterwegs. Er inspiriert seine Zuhörer zu eigenen Ideen und zeigt Wege, sie erfolgreich umzusetzen.

http://www.juergen-linsenmaier.de

Gunther T. Verleger

Er hat BNI (Business Network International) im Jahr 2003 nach seinem dreijährigen USA-Aufenthalt nach Deutschland gebracht. Seine Frau und er leiten als Executive Direktoren die beiden BNI-Franchise-Regionen Stuttgart und Ulm und werden dabei von einem 22-köpfigen Team unterstützt. Gunther T. Verleger (geb. 1971) war zwölf Jahre erfolgreich in der Automobil-Industrie tätig. Zu Beginn als Entwicklungsingenieur für die BMW AG, anschließend als Vertriebsleiter für Motormanagement Systeme bei der Siemens VDO Automotive AG in Detroit/USA und zuletzt als Unternehmensberater bei der Porsche Consulting GmbH in Bietigheim-Bissingen. Danach hat er sich entschlossen, den Win-Win-Ansatz von BNI Unternehmern und Geschäftsleuten nahezubringen und hat als erster BNI in Deutschland erfolgreich gestartet. Er unterstützt Unternehmer darin, gemeinsam im Team mehr zu erreichen. Er wurde bereits mehrfach für Spitzenergebnisse ausgezeichnet (Visions Award 2007, Direktor des Jahres 2007, Givers-Gain® Award 2009, TOP Region 2009 und 2010). Seine Kunden in der Region Stuttgart konnten im Jahr 2012 über 22 Millionen Euro an zusätzlichem Geschäft generieren – rein auf der Basis von Empfehlungen und Kontakten. *„BNI ist mehr als ein Frühstück"* und bietet die Möglichkeit, sich mit Menschen zu umgeben, die gemeinsam vorankommen wollen! BNI steht für mehr Umsatz durch Kontakte und Empfehlungen

http://www.beziehungen-nutzen-immer.com

Referenzen von Gunther T. Verleger

BMW, BNI, Bosch, Delphi, Duale Hochschule Stuttgart, Dupont, Fachhochschule Nürtingen, FESTO, General Motors, GEZE, Goldbeck, Handwerkskammer Stuttgart, Hochschule Reutlingen, Porsche, Siemens, ThyssenKrupp, Uni Erlangen u.v.m.

7. Anhang

Um die eBook und Printausgabe des Buches weitgehend „*identisch*" zu halten, finden Sie hier alle Links die alphabetischer Reihenfolge. In der eBook-Version konnten Sie auf diese direkt durch einen Klick im Dokument zugreifen.

Das Passwort für den internen Dokumentenbereich auf unserer Webseite (http://www.ihr-guter-ruf-verkauft.de/buchleser/) lautet: ihrguterruf2013

Linkauflistung:

1-Click: http://en.wikipedia.org/wiki/1-Click

25 best performing Franchises:
http://www.bni-stuttgart.com/library/files/20080213_Wallstreet_A_Look_at_High-Performancing_Franchises_1337583868.pdf

Application Programming Interface:
http://de.wikipedia.org/wiki/Programmierschnittstelle

Andreas Bartmann: http://www.globetrotter.de/de/wir/firmengeschichte/index.php

BMW Group:
http://www.bmwgroup.com/d/nav/index.html?../0_0_www_bmwgroup_com/home/home.html&source=overview

BNI (Business Network International): http://www.bni.de/

BNI Bericht FAZ:
http://www.bni-stuttgart.com/library/files/20071217_FAZ_Networking_fuer_Fruehaufsteher_1330962039.pdf

Business Networking and Sex:
http://www.amazon.de/gp/product/1599184249/ref=as_li_tf_tl?ie=UTF8&camp=1638&creative=6742&creativeASIN=1599184249&linkCode=as2&tag=i-g-r-v-s-n-21

BTX: http://de.wikipedia.org/wiki/Bildschirmtext

Carl Benz Arena: http://carl-benz-arena.com/home/

Carlzon: http://en.wikipedia.org/wiki/Jan_Carlzon

Charlie Munger: http://de.wikipedia.org/wiki/Charles_Munger

Chet Holmes: http://www.chetholmes.com/

Christian Bock:
http://www.presse-
galerien.de/DATA/versionen/1/show_image.asp?PID=536&GID=620&SID=PMF
TMGPWLKB203122009072946&Name=picture_086.jpg&NR=64&BPS=12&stat
us=image

Daniel Stock: http://www.sporthotel-stock.com/de/sporthotel-stock/familie-stock/

Deutsches Wellness Zertifikat:
http://www.wellnessverband.de/hotellerie_und_tourismus/zertifizierung.php

Die Geheimnisse der Spitzentrainer:
http://www.amazon.de/gp/product/3868813373/ref=as_li_tf_tl?ie=UTF8&camp=1
638&creative=6742&creativeASIN=3868813373&linkCode=as2&tag=i-g-r-v-s-n-
21

Dormero Hotel Stuttgart: http://www.dormero-hotel-stuttgart.de/

Donald Trump: http://www.trump.com/Donald_J_Trump/Biography.asp

Dr. Ivan Misner: http://ivanmisner.com/bio/

Edgar Geffroy: http://www.geffroy.de/geffroy/vortraege.html

Entrepreneur.com: http://www.entrepreneur.com/author/145

Faktenkontor: http://www.faktenkontor.de

Familie Freidler: http://www.alb-gold.com/de/unternehmen

Fan-Seite:
https://www.facebook.com/pages/Ihr-guter-Ruf-verkauft-Sonst-nichts-Das-
Buch/130410520434280

Firma Multiconsult aus München:
http://213.241.157.31/library/img/cms/beratungskonzept/downloads_beratungskon
zept/Multiconsult-Kurzbroschuere.pdf

First Break all the rules:
http://www.amazon.de/gp/product/0684852861/ref=as_li_tf_tl?ie=UTF8&camp=1
638&creative=6742&creativeASIN=0684852861&linkCode=as2&tag=i-g-r-v-s-n-
21

Fox Business News
http://www.foxbusiness.com/archive/author/ivan-misner/index.html

GeeMco: http://www.geemco.de/

Gerd Kulhavy: https://www.xing.com/profile/Gerd_Kulhavy

Globetrotter: http://www.globetrotter.de

Götz Müller: http://www.geemco.de/profil/

Green Cup Coffee: https://www.green-cup-coffee.de/

Hartmut Jenner:
http://www.kaercher.de/de/Karriere/Kaercher_als_Arbeitgeber/Mitarbeiter.htm

Hermann Scherer http://www.hermannscherer.de/home/

Hipp: http://www.hipp.de/

Holger Blaufuß: http://www.franchiseverband.com/franchise-vorstand.html

Holidaycheck: http://www.holidaycheck.de/

Kärcher: http://www.kaercher.de/de/Home.htm

Kommunikationsnetz: http://www.ihr-guter-ruf-verkauft.de/buchleser/

Kontaktkreis: http://www.ihr-guter-ruf-verkauft.de/buchleser/

Kultursponsoring Kärcher:
http://www.kaercher.de/de/Sponsoring/Kultur-Sponsoring.htm

LGI: http://www.lgi.de/

Marcus Ulm: https://www.xing.com/profile/Marcus_Ulm

Marketing zum Nulltarif:
http://www.amazon.de/gp/product/3831640661/ref=as_li_tf_tl?ie=UTF8&camp=1
638&creative=6742&creativeASIN=3831640661&linkCode=as2&tag=i-g-r-v-s-n-
21

Matrix für Erwartungen: http://www.ihr-guter-ruf-verkauft.de/buchleser/

Matsudagawa Staudamm Japan:
http://www.kaercher.de/de/Sponsoring/Kultur-
Sponsoring/Matsudagawa_Staudamm.htm

McDonalds Franchise: http://www.mcdonalds.de/unternehmen/franchise.html

Networking like a Pro:
http://www.amazon.de/gp/product/1599183560/ref=as_li_tf_tl?ie=UTF8&camp=1638&creative=6742&creativeASIN=1599183560&linkCode=as2&tag=i-g-r-v-s-n-21

Oh-Saft: http://www.oh-saft.de/

Oliver Geisselhart: http://www.teamgeisselhart.de/

Osiander: http://www.osiander.de/

Prof. Dr. Claus Hipp:
http://www.hipp.de/ueber-hipp/unternehmen/qualitaetsphilosophie/

Prof. Dr. Thomas Sambuc:
http://www.lkpa.de/Prof-Dr-Thomas-Sambuc-LL-M.32.0.html

Referral Institute: http://www.referralinstitute.com/main/index.php

Relax Guide: http://www.relax-guide.com/

Sascha Lobo: http://saschalobo.com/ich/

Sascha Tilli: http://de.linkedin.com/pub/sascha-tilli/1/948/b7

Schnelligkeit durch Vertrauen:
http://www.amazon.de/gp/product/3897499088/ref=as_li_tf_tl?ie=UTF8&camp=1638&creative=6742&creativeASIN=3897499088&linkCode=as2&tag=i-g-r-v-s-n-21

Serviceplan Corporate Reputation und Biesalski & Company und Weber Shandwick:
http://www.biesalski-company.com/CRS_serviceplan_corporate_reputation_BIESALSKI_COMPANY.pdf

Sir Richard Branson: http://de.wikipedia.org/wiki/Richard_Branson

Speakers Excellence: http://www.speakers-excellence.de/

Steven M. R. Covey: http://www.coveylink.com/

STOCK***** resort: http://www.sporthotel-stock.com/

Strotmanns Magic Lounge: http://www.strotmanns.com/

Success Resources: https://www.srpl.net/

Talsperre Eibenstock:
http://www.kaercher.de/de/Sponsoring/Kultur-
Sponsoring/Talsperre_Eibenstock.htm

The Ultimate Sales Machine:
http://www.amazon.de/gp/product/B004IA0MGK/ref=as_li_tf_tl?ie=UTF8&camp
=1638&creative=6742&creativeASIN=B004IA0MGK&linkCode=as2&tag=i-g-r-
v-s-n-21

Toluna: http://de.toluna.com/

Tony Robbins: http://www.tonyrobbins.com/

Torsten Strotmann:
http://www.strotmanns.com/der-magier/ueber-thorsten-strotmann/biografie.html

Trigema: http://www.trigema.de/

Vaude: http://www.vaude.com/de_DE/

Wahrheit oder Fiktion:
http://www.amazon.de/gp/product/383164067X/ref=as_li_tf_tl?ie=UTF8&camp=1
638&creative=6742&creativeASIN=383164067X&linkCode=as2&tag=i-g-r-v-s-
n-21

Warren Buffet: http://de.wikipedia.org/wiki/Warren_Buffett

Werte Zappos: http://about.zappos.com/our-unique-culture/zappos-core-values

Wolfgang Grupp: http://www.trigema.de/shop/page/philosophy_page/detail.jsf

XML-Datenaustausch: http://de.wikipedia.org/wiki/Extensible_Markup_Language

Made in the USA
Charleston, SC
01 February 2013